青少年太空探索科普丛书（第3辑）

火星取样返回

焦维新　著

天何所沓？十二焉分？

日月安属？列星安陈？

—— 出自〔战国〕屈原《天问》，我国的行星探测任务命名为“天问”。

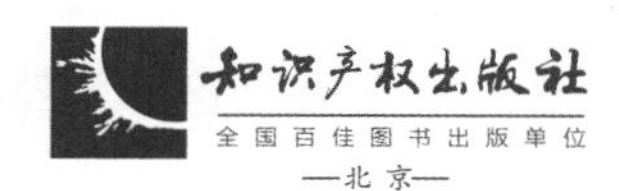

图书在版编目（CIP）数据

火星取样返回 / 焦维新著 . — 北京：知识产权出版社，2023.12

（青少年太空探索科普丛书 . 第 3 辑）

ISBN 978-7-5130-9031-5

Ⅰ . ①火… Ⅱ . ①焦… Ⅲ . ①火星探测—青少年读物 Ⅳ . ① P185.3-49

中国国家版本馆 CIP 数据核字（2023）第 243209 号

内容简介

火星取样返回探测是火星探测的重要方式之一。本书综合国际上对火星取样探测研究的成果，从科学角度围绕火星取样返回的四个科学目标，介绍了如何选择样品，样品的采集与处理，如何选择着陆点，从工程角度介绍了火星取样返回的整体架构等，带领读者开启“火星寻宝”之旅。

项目总策划： 徐家春

责任编辑： 徐家春　吴　烁　　**执行编辑：** 赵蔚然

版式设计： 索晓青　商　宓　崔一凡　　**责任印制：** 孙婷婷

青少年太空探索科普丛书（第 3 辑）

火星取样返回　HUOXING QUYANG FANHUI

焦维新　著

出版发行： 知识产权出版社有限责任公司　　**网　　址：** http://www.ipph.cn

电　　话： 010-82004826　　http://www.laichushu.com

社　　址： 北京市海淀区气象路 50 号院　　**邮　　编：** 100081

责编电话： 010-82000860 转 8573　　**责编邮箱：** 823236309@qq.com

发行电话： 010-82000860 转 8101　　**发行传真：** 010-82000893

印　　刷： 北京中献拓方科技发展有限公司　　**经　　销：** 新华书店、各大网上书店

开　　本： 787mm × 1092mm　1/16　　**印　　张：** 11

版　　次： 2023 年 12 月第 1 版　　**印　　次：** 2023 年 12 月第 1 次印刷

字　　数： 170 千字　　**定　　价：** 69.80 元

ISBN 978-7-5130-9031-5

青少年太空探索科普丛书（第3辑）
编辑委员会

总　序

把科学精神写在祖国大地上

习近平总书记指出:“科技创新、科学普及是实现创新发展的两翼，要把科学普及放在与科技创新同等重要的位置。没有全民科学素质普遍提高，就难以建立起宏大的高素质创新大军，难以实现科技成果快速转化。”党的十八大以来，党中央高度重视科技创新、科学普及和科学素质建设，全面谋划科技创新工作，有力推动科普工作长足发展，科普工作的基础性、全局性、战略性地位更加凸显，全民科学素质建设的保障功能更加彰显。

新时代新征程，科普工作要把培育科学精神贯穿培根铸魂、启智增慧全过程，使创新智慧充分释放、创新力量充分涌流，为推动我国加快建设科技强国、实现高水平科技自立自强提供强大的智力支持。

要讲好科学故事

党的十八大以来，党中央坚持把创新作为引领发展的第一动力，我国的科技事业实现历史性变革、取得历史性成就。中国空间站转入应用与发展阶段，“嫦娥”探月，“天问”探火，“羲和”逐日……这些工程在国内外产生了巨大影响。现在，我国经济总量上升到全球第二位，科学技术、文化艺术位居世界前列，正在向第二个百年奋斗目标奋勇前进。

在全面蓬勃发展的大好形势下，加强对青少年的科学知识普及，更好地激发他们热爱祖国、热爱科学、为国家科技腾飞而努力学习的远大理想，是当前的重要任务。科普工作者要紧紧围绕国家大局，用事实说话，用数据说话，讲清楚科技领域的中国方案、中国智慧，为服务经济社会发展、加快科技强国建设提供强大力量。要讲明白我国科技发展的过去、现在和未来。任何科技成就的取得都不是一蹴而就的，中华文明绵延数千年，积累了丰富的科技成果，这是我们宝贵的文化遗产。今天的我们要讲清楚中华文明的“根”与“源”，讲明白“古”与“今”技术进步的一脉相承，讲透彻中国人攀登科学高峰时不屈不挠、团结奉献的品格。

要弘扬科学精神

在中国共产党领导下，我国几代科技工作者通过接续奋斗铸就了“两弹一星”精神、西迁精神、载人航天精神、科学家精神、探月精神、新时代北斗精神等，这些精神共同塑造了中国特色创新生态，成为支撑基础研究发展的不竭动力，助力中华民族实现从站起来到富起来，再到强起来的伟大飞跃。

科学成就的取得需要科学精神的支撑。弘扬科学精神，就是要用科学精神感召和鼓舞广大青少年，引导青少年牢固树立为国家科技进步而奋斗的学习观，自觉将个人成长融入祖国和社会的需要之中，在经风雨中壮筋骨，在见世面中长才干，逐渐成长为可以担当民族复兴重任的时代新人。

要培育科学梦想

好奇心是人的天性，是提升创造力的催化剂。只有呵护孩子的好奇心，激发孩子的求知欲望，为孩子播下热爱科学、探索未知的种子，才能引导他们勇于创新、茁壮成长，在未来将梦想变成现实。

科普工作要主动聚焦服务“双减”背景下的中小学素质教育，鼓励青少年主动学习科学知识、积极探究科学奥秘。要遵循青少年身心发展规律和对知识的接受规律，帮助青少年开阔视野，增长知识。更重要的是，要注重传授正确的学习方法，帮助孩子树立正确的科学思维，让孩子在快乐体验中学以致用，获得提高。

我们欣喜地看到，知识产权出版社在科普出版方面做了有益尝试，取得了丰硕成果。在出版科普图书的同时，策划、组织、开展了一系列的公益科普讲座、科普赠书等活动，得到广大青少年、老师家长、业内专家、主流媒体的认可。知识产权出版社策划的青少年太空探索系列科普图书，从不同角度为青少年介绍太空知识，内容生动，深入浅出，受到了读者欢迎。

即将出版的“青少年太空探索科普丛书（第3辑）”，在策划、出版过程中呈现出诸多亮点。丛书紧密聚焦我国航天领域的尖端科技，极大提升了中华儿女的民族自豪感；在讲解知识的同时，丛书也非常注重对载人航天精神和科学家精神的弘扬，努力营造学科学、爱科学、用科学的社会氛围；丛书在深入挖掘中华优秀传统文化方面做了有益尝试，用新时代的语言和方式，讲清楚中国人的宇宙观，讲好中国人的飞天梦、航天梦、强国梦，推进中华优秀传统文化创造性转化、创新性发展；同时，丛书充分发挥普及科学知识、传播科学思想、倡导科学方法、弘扬科学精神的作用，努力提升青少年读者的科学素养和全社会的科学文化水平。

“航天梦是强国梦的重要组成部分。”当前，我国航天事业发展日新月异，正向着建设航天强国的伟大梦想迈进。“青少年太空探索科普丛书（第3辑）”体现了出版人在加强航天科普教育、普及航天知识、传播航天文化过程中的使命与担当，相信这套丛书必将以其知识性、专业性、趣味性、创新性得到广大读者的喜爱，必将对激发全民尤其是青少年读者崇尚科学、探索未知、敢于创新的热情产生深远影响。

欧阳自远

2023年10月31日

出版说明

党的二十大报告指出："全面建设社会主义现代化国家，必须坚持中国特色社会主义文化发展道路，增强文化自信，围绕举旗帜、聚民心、育新人、兴文化、展形象建设社会主义文化强国。"出版工作的本质是文明传播和文化传承，在服务国家经济社会发展，助力文化自信，构建中华民族现代文明进程中肩负基础性作用，使命光荣，责任重大。

知识产权出版社始终坚持社会效益优先，立足精品化出版方向，经过四十多年发展，现已形成多学科、多领域共同发展的格局。在科普出版方面，锻造了一支有情怀、有创造力、有职业精神的年轻出版队伍，在选题策划开发、图书出版、服务社会科普能力建设等方面做出了突出成绩，取得了较好的社会效益。以"青少年太空探索科普丛书"为例，我们在"十二五""十三五""十四五"期间，分别策划了第1辑、第2辑和第3辑，每辑均为10个分册，共计30册，充分展现了不同阶段我国航天事业的辉煌成就，陪伴孩子们健康成长。

"青少年太空探索科普丛书（第3辑）"是我社自主策划选题的一次成功实践。在项目策划之初，我们就明确了定位和要求，要将这套丛书做成展现国家航天成就的"欢乐颂"、编织宇宙奇幻世界的"梦工厂"、陪伴读者快乐成长的"嘉年华"，策划编辑团队要在出版过程中赋予图书家国情怀、科学精神、艺术底色，展现中国特色、世界眼光、青年品格。

本书项目组既是特色策划型，又是编校专家型，同时也是编印宣综合型。在选题、内容、形式等方面体现创新，深入参与书稿创作，一体推动整个项目的质量管理、进度管理、创新管理、法务管理等。

项目体量大、要求高，各项工作细致繁复，在策划、申报、出版各环节，遇到诸多挑战。但所有的困难都成为锻炼我们能力的契机。我们时刻牢记国家出版基金赋予的光荣与梦想，心怀对读者的敬意，以“能力之下，竭尽所能”的忘我精神，以“天下难事，必作于易；天下大事，必作于细”的工匠精神，逐一落实，稳步推进，心中的那道光始终指引我们，排除万难，高歌前行。

感谢国家出版基金对本套丛书的资助，感谢中国科学技术馆、哈尔滨工业大学、北京师范大学、深圳市天文台、北京天文馆、郭守敬纪念馆、北京一片星空天文科普促进中心等单位对本套丛书的大力支持，感谢国家天文科学数据中心许允飞等对本套丛书提供的无私帮助，感谢张凤霞老师、王广兴等对本套丛书给予的帮助。

希望这套精心策划的丛书能够得到读者的喜爱，我们也将始终不忘初心，继续为担当社会责任、助力文化自信而埋头奋进。

知识产权出版社党委书记、董事长、总编辑　刘　超

2023 年 12 月 4 日

目 录

火星孤勇者

人类至今发射了多个火星探测器，它们为人类揭开了火星的诸多奥秘，让载人探索火星、星际旅行距离我们更近一步！这些无所畏惧的探险勇士，正如它们的名字——勇气、机遇、好奇、洞察、希望、天问、毅力那样，印证着人类向星辰大海进发时留下的奋进和不屈的足迹。

第一章

人类探索火星的历程

1 人类发射了哪些火星探测器

截至 2022 年 11 月，全世界已经发射了 50 多个火星探测器，这些探测器的探测方式包括**环绕、着陆和表面巡视**三种。

1976

海盗计划

【环绕卫星、着陆器】

海盗计划是继旅行者深空探测计划成功后，美国国家航空航天局（NASA）又一项雄心勃勃的太空探测计划，目标是探测火星，包括两个探测器。其中，海盗 1 号（Viking 1）于 1975 年 8 月 20 日升空，1976 年 6 月 19 日进入火星轨道，1976 年 7 月 20 日在**火星克律塞平原**（Chryse Planitia）成功着陆；海盗 2 号（Viking 2）于 1975 年 9 月 9 日发射，1976 年 8 月 7 日进入火星轨道，1976 年 9 月 3 日在**火星乌托邦平原**成功着陆。

火星全球探测者

【环绕卫星】

美国于 1996 年 11 月 7 日发射火星全球探测者（Mars Global Surveyor），经过 10 个月的飞行，于 1997 年 9 月 11 日进入绕火星运行的轨道，并开始对火星进行考察。

火星全球探测者质量为 1 031 千克，载有包括火星轨道器激光高度计（MOLA）在内的 7 台仪器，主要任务是拍摄火星表面的高分辨率图像，研究火星的地貌和重力场，探测火星的天气和气候，分析火星表面和大气的组成。

1996

2001

2001 火星奥德赛

【环绕卫星】

2001 火星奥德赛（2001 Mars Odyssey）是美国国家航空航天局发射的火星环绕探测卫星，主要任务是寻找水与火山活动的迹象，于 2001 年升空。勇气号和机遇号这两辆火星探测车拍摄的照片和其他资料有 85% 是以 2001 火星奥德赛作为通信中继卫星送回地球的。

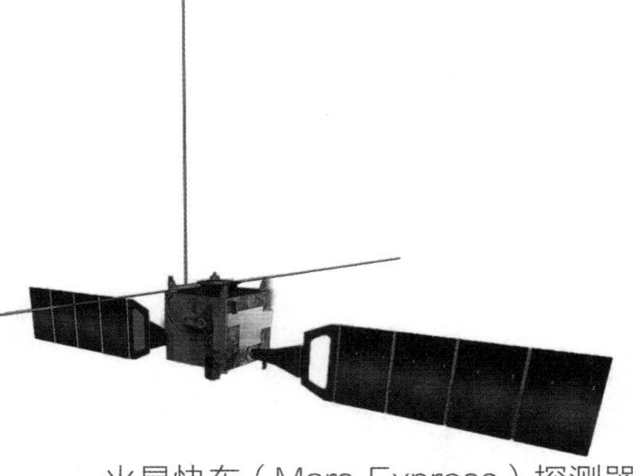

火星快车探测器

【环绕卫星】

火星快车（Mars Express）探测器是欧洲航天局（ESA）研制的第一个火星探测器，于 2003 年 6 月 2 日发射升空，2003 年 12 月抵达火星，进行环绕飞行探测。2021 年 11 月，我国天问一号与欧洲航天局火星快车任务团队合作，开展了祝融号火星车与火星快车在轨中继通信试验，取得圆满成功。

2003

2003

勇气号火星探测器

【火星车】

勇气号（Spirit）火星探测器，是美国火星探索漫游者（Mars Exploration Rover，MER）计划中的一个火星车，又被称为 MER-A。2003 年 6 月 10 日发射，2004 年 1 月 4 日在火星南半球的**古谢夫陨石坑**着陆，工作 7 年后失去联系。

机遇号火星探测器

【火星车】

机遇号（Opportunity）火星探测器，亦被称为火星探索漫游者 -B（MER-B），是美国国家航空航天局火星探索漫游者任务中两个探测器中的一个。它在 2003 年 7 月 7 日从地球发射，于 2004 年 1 月 25 日降落在**火星子午线高原**，工作 15 年后失去联系。

2003

2005

火星勘测轨道飞行器

【环绕卫星】

火星勘测轨道飞行器（Mars Reconnaissance Orbiter，MRO）是美国国家航空航天局于 2005 年 8 月 12 日发射的火星轨道探测器，任务目标为探测火星气候状况，研究火星气候和季节变化的物理机制；确定火星地形分层特性，观测火星表面热流活动，搜寻水存在的证据；为以后的火星着陆任务寻找合适的着陆地点，同时为这些任务提供通信中继功能。2006 年 11 月 17 日，该探测器与当时在火星表面工作的勇气号漫游车合作完成轨道中继通信测试。

凤凰号火星探测器

【着陆器】

美国国家航空航天局的凤凰号火星探测器于 2007 年 8 月发射，2008 年 5 月 25 日在**火星北极**成功着陆，对这个红色星球之前尚未探测过的北极地区展开勘测。凤凰号缺乏探测外星生命迹象的工具，不过，它可研究冰是否融化过，寻找北极永久冻土中有机化合物的踪迹，以确定生命是否曾经在此出现过。

凤凰号火星探测器没有配备相应的火星车，不能移动，着陆后在原地“蹲点”开展探测活动，在工作 6 个月后失去联系。

2007

2011

好奇号火星探测器

【火星车】

好奇号（Curiosity）火星探测器，又名火星科学实验室（Mars Science Laboratory，MSL），是美国国家航空航天局研制的一台探测火星任务的火星车，体积是勇气号和机遇号的 2 倍，质量是它们的 3 倍，于 2011 年 11 月发射，2012 年 8 月成功登陆火星表面，降落在**盖尔陨石坑**。它是世界上第一辆采用核动力驱动的火星车，其使命是采集火星土壤样品和岩芯，然后对它们可能支持现在或过去微生物存在的有机化合物和环境条件进行分析，探寻火星上的生命元素。截至 2023 年，该火星车运行良好。

MAVEN 火星探测器

【环绕卫星】

美国火星大气与挥发演化（Mars Atmosphere and Volatile Evolution，MAVEN）探测器是一个环绕探测器，于 2013 年 11 月 19 日发射，2014 年 9 月 22 日进入火星轨道。它的使命是调查火星大气失踪之谜，并寻找火星上早期拥有的水源及二氧化碳等挥发性化合物消失的原因。

2013

2018

洞察号火星着陆探测器

【着陆器】

洞察号火星着陆探测器是美国国家航空航天局向火星发射的一颗探测器，于 2018 年 5 月 5 日发射升空，11 月 26 日在火星**埃律西昂平原**成功着陆，执行人类首次探究火星“内心深处”奥秘的任务。它着陆火星之后在火星表面安装了一个地震仪，检测发现火星内部一直有震动，在 2022 年 12 月正式结束任务。

希望号火星探测器

【环绕卫星】

希望号火星探测器是阿联酋首个火星探测器，由阿联酋和美国合作研制。探测器于 2020 年 7 月 20 日发射，2021 年 2 月进入绕火星运行轨道，对火星大气开展科学研究。

2020

2020

天问一号火星探测器

【火星车】

天问一号是中国的火星探测器，于 2020 年 7 月 23 日在文昌航天发射场发射升空，2021 年 2 月 10 日天问一号与火星交会，成功实施捕获制动进入环绕火星轨道。对预选着陆区进行了 3 个月的详查后，于 2021 年 5 月 15 日成功实现软着陆，降落在火星**乌托邦平原**。2021 年 5 月 22 日，祝融号火星车成功驶上火星表面，开始巡视探测。

毅力号火星探测器

【火星车、直升机】

NASA 的毅力号（Perseverance）火星探测器于 2020 年 7 月 30 日发射，于 2021 年 2 月 19 日在火星**耶泽罗陨石坑**内以壮观的“空中起重机”方式安全着陆。2021 年 4 月 19 日，毅力号火星车携带的机智号直升机在火星表面起飞。

2020

好奇号火星车携带的主要探测设备

火星车环境监测站（REMS）：安装在好奇号桅杆中部，是一座火星天气监测站，负责测量大气压、相对湿度、风速和风向、空气温度、地面温度以及紫外线辐射等数据，帮助科学家全面了解火星环境。

辐射评估探测器（RAD）：用于帮助和准备未来的火星探索任务。

中子反照率动态探测器（DAN）：位于好奇号车身背部附近，主要用于寻找火星地下的冰和含水矿物质。

化学与摄像机仪器（ChemCam）：可以向约 9 米外的火星岩石发射激光，使其蒸发，然后分析蒸发的岩石成分。

桅杆相机（MastCam）：是好奇号的主要成像工具，负责拍摄火星地貌的高解析度彩色照片和视频，供科学家分析。

火星样品分析仪（SAM）：是好奇号的心脏，质量约 38 千克，占好奇号所携科学仪器总质量的一半左右。SAM 由 3 个独立的仪器构成，分别是质谱仪、气相色谱仪和激光分光计。这些仪器负责搜寻构成生命的要素——碳化合物。此外，它们还将搜寻与地球上的生命有关的其他元素，如氢、氧和氮等。

化学与矿物学分析仪（CheMin）：可用于确定火星上的矿物类型和含量，帮助科学家进一步了解火星过去的环境。与 SAM 一样，好奇号的机械臂通过车外的一个进口将样品送入 CheMin 进行分析。

火星降落成像仪（MARDI）：是一台小型摄影机，安装在好奇号的主车身上，负责拍摄好奇号降落火星表面过程的影像。

阿尔法粒子 X 射线分光计（APXS）：安装在好奇号机械臂末端，负责测量火星岩石和泥土中不同化学元素的含量。

毅力号火星车携带的主要探测设备

火星环境动态分析仪（MEDA）：用于测量温度、风速、风向、大气压强、相对湿度、辐射以及尘埃颗粒大小和形状。

火星地下实验雷达成像仪（RIMFAX）：是一个穿地雷达，用于对不同的地面密度、结构层中埋藏的岩石、陨石进行成像，并探测 10 米深的地下水冰和咸盐水。

火星氧气就地资源利用实验（MOXIE）：尝试从火星大气中的二氧化碳中产生氧气。这项技术未来可能扩大规模，用于人类生命支持，或为探测器返回任务制造火箭燃料。

超级相机（SuperCam）：是一套可以从远处对岩石和风化石进行成像、化学成分分析和矿物学分析的仪器。它是好奇号探测器上 ChemCam 的升级版，配备了两台激光器和四台光谱仪，能够远程识别潜在的生物特征，评估火星的可居住性。

桅杆式相机系统（Mastcam-Z）：它可以像双筒望远镜一样变焦并创建全景和立体图像，同时还可以确定火星表面的矿物成分并绘制 3D 地图。

X 射线岩石化学行星仪（PIXL）：是一台 X 射线荧光光谱仪，用于确定火星表面物质的微量元素成分。

拉曼荧光光谱仪（SHERLOC）：是一种紫外线拉曼光谱仪，利用精细尺度的成像和紫外线激光来扫描火星表面矿物质和化合物构成，以此寻找火星是否有微生物存在的证据。

2

环绕探测的成果

环绕探测器也称轨道器，主要通过遥感的方式对火星表面和大气层进行探测。这种探测方式的突出特点是可以对火星进行全球性观测，可以了解不同空间尺度的地形、地貌、地质、重力变化和大气层情况，使人类对火星的整体特征有全面了解。轨道器也是人类发射数量最多的探测器，最典型的代表是火星全球探测者、2001 火星奥德赛、火星快车、火星勘测轨道飞行器。它们取得的成果概括为以下几个方面。

获得火星全球地形地貌特征

在多颗卫星长期探测的基础上，人类绘制了火星全球高清晰度地图，可以全面掌握火星全球特征。

对一些重要问题进行了专门观测

火星轨道器不仅观测了火星全球的地形地貌，还绘制了火星全球重力异常、矿物分布以及水分布图。

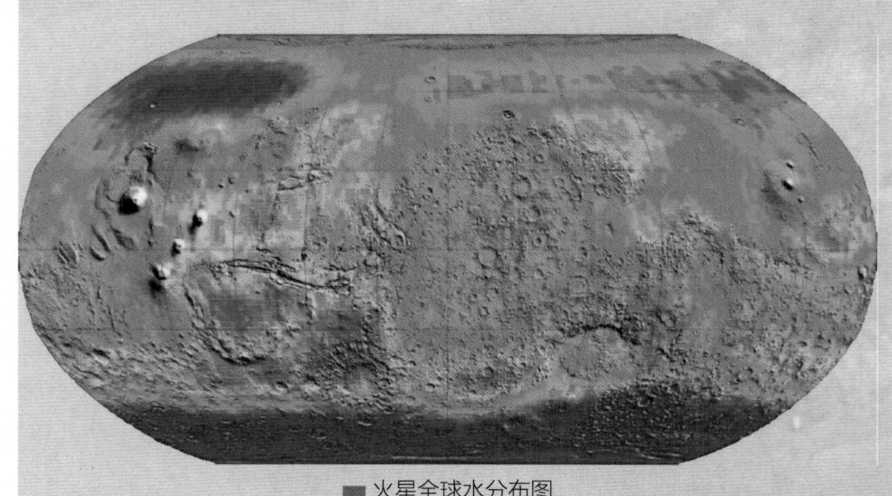

■ 火星全球水分布图

以蓝、浅蓝、绿色、黄色和红色表示水量逐渐减少。

海拔 / 千米
-8
-4
0
4
8
12
纬度
60°
30°
0°
-30°
-60°
亚马孙平原
塔尔西斯隆起
亚拔山
克律塞平原
奥林帕斯山
艾斯克雷尔斯山
帕弗尼斯山
阿尔西亚山
水手大峡谷
阿耳古瑞
平原
乌托邦平原
伊希斯平原
希腊平原
180°
-150°
-120°
-90°
-60°
-30°
0°
30°
60°
90°
120°
150°
180°
经度
■ 火星全图

对感兴趣的区域绘制了高分辨率地形图

高分辨率地形图便于对相关地区进行深入研究，特别是对选择火星车着陆点有重要参考价值。

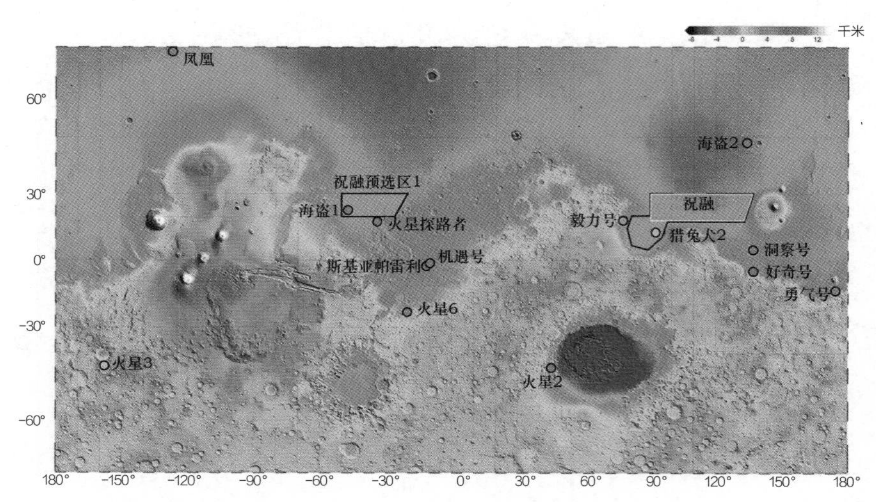

部分成功与未成功着陆器的着陆点、预选着陆点

大峡谷与克律塞平原

许多火星车及载人探测的候选着陆点位于这两个区域。

3 火星车的成果

火星车是指人类发射的可以在火星表面行驶并进行考察的探测器，具有自我驱动能力和独立能源系统，可以对火星的土壤、岩石和其他自然物体进行采样分析，帮助科学家了解火星的地质历史和生命存在的可能性。最典型的火星车有：美国的勇气号、机遇号、好奇号、毅力号和我国的祝融号。它们的探测成果主要有以下方面。

在火星多处发现多种含水矿物

火星车在火星多处发现十多种含水矿物，如黏土矿物、黄钾铁矾、页硅酸盐、硫酸盐和水合二氧化硅等。因为含水矿物的形成对地表和地下环境有很高的要求，所以它们是古代火星地表和地下状况的关键标志物。目前的研究有以下几点结论：

（1）火星上广泛存在含水矿物。含水硅酸盐集中在南部高地，它们覆盖了火星大约 3% 的表面。

（2）在火星北部低地，在不同年代的不同地质单元中也发现了含水矿物，其成分也表现出多样性。在古老的北部平原和撞击坑中发现了黏土，在那里发现的一系列矿物与南部高地的陨石坑中发现的矿物相似。这些探测结果暗示着火星上发生过水质变化，这种变化既分布广泛，又跨越了不同的地质时代。

（3）地球上存在的大部分含水矿物都已在火星上发现。火星上最常见的含水矿物是富含铁 / 镁和铝的层状硅酸盐，其中后者的形成时间可能晚于前者。

（4）大多数含水矿物在诺亚纪中期之前就已在火星上形成，而一些有限的变化发生在晚些时候，一直到西方纪和亚马孙纪早期。原始地层环境的退化和新的地质活动已经使准确测定大多数含水矿物暴露情况的可能性不复存在。

火星加油站

火星地质年代分为四个阶段：

1

最早时期——前诺亚纪：46 亿至 41 亿年前。陨石的撞击与火山活动使火星早期地表不复存在，因而将没有留下实质地表的最早的数亿年归为前诺亚纪。此时期包括了北方低地和乌托邦平原的形成。但是，此时期的界定并没有被广泛接受，有些研究者将之纳入诺亚纪。

2

水之物语——诺亚纪：41 亿至 37 亿年前。这一时期是以南半球的诺亚高地来命名的。此时期火星火山活动旺盛，陨石撞击频繁，大气层较厚（至少早期是如此），也可能更温暖，水分多，可能存在湖泊甚至海洋，地表侵蚀活动旺盛，形成河谷，水流也带来沉积物。塔尔西斯隆起在此时期形成。

3

水的消亡——西方纪：37 亿至 30 亿年前。此时期又叫赫斯珀里亚纪，以南半球的赫斯珀里亚高原来命名的。此时期是地质状况的过渡期，大量的水开始渗入地底冻结。由于水减少，火星表面侵蚀搬运活动随之减少，但有时也会有地下水层爆发造成地方性的崩塌或形成洪水。由于地质作用减弱，此时期大片熔岩平原开始形成。

4

水分蒸发殆尽——亚马孙纪：30 亿年前至现在。此时期是以北半球的一个被熔岩填平的亚马孙平原来命名的。此时期与现在火星的地质状况类似，火星表面气候干、冷，地质作用和陨石撞击更少，但更多样，不时有些许水分自岩石溢出至大气或地表，形成溪壑。奥林帕斯山和熔岩平原在此时形成。

发现了火星过去存在液态水的证据

好奇号火星车在盖尔陨石坑着陆不久，就发现了光滑的圆形鹅卵石，它们可能在一条深至脚踝到臀部的河流中向下游滚动了几千米甚至更远。当好奇号到达夏普山时，研究人员发现垂直高度超过 300 米的岩石最初是一系列浅湖底部的泥浆。河流和湖泊在盖尔陨石坑中可能已经存在了 100 万年或更长时间。

■ 盖尔陨石坑的计算机模型

盖尔陨石坑中央隆起部分为夏普山，当中的绿色圆点为好奇号的着陆位置，由此视角观看时，北方位于下方。

■ 好奇号拍摄的夏普山

好奇号在 2012 年 8 月拍摄的夏普山

这是首次在火星上发现含有河床砾石的岩石。这些岩石中嵌入的砾石大小和形状——从沙粒大小到高尔夫球大小——使研究人员能够计算出曾经在这个位置流动的水的深度和速度。

好奇号在火星上的前40天里，用桅杆相机的长焦功能检查了三块类似人行道的岩石，其中一块是“古尔本”，紧挨着着陆点，另外两块——“林克”和“霍塔”，分别在好奇号着陆点的东南方向约50米和100米。研究人员还使用了火星车的化学与摄像机仪器来调查“林克”岩石。

火星“林克”岩石露头[1]与地球河流砾岩对比

---

[1] 露头指岩石露出地面的部分。

■ 火星“霍塔”岩石露头

这是 2012 年 9 月 14 日好奇号火星车拍摄的一条古河床。

研究人员发现，大的鹅卵石在砾岩中分布不均匀。在“霍塔”岩石中，发现了交替出现的富含鹅卵石的地层和沙层，这在地球上的河床沉积物中很常见，为火星上曾经有过河流流动提供了证据。此外，许多鹅卵石相互接触，这是它们沿着河床滚动的标志。

几种类型的证据表明，古代火星有各种不同的液态水环境。然而，只有好奇号发现的这些岩石才能提供溪流流动的信息。好奇号传回的砾岩图像显示，盖尔陨石坑的大气条件曾经允许液态水在火星表面流动。

在火星发现了生命所必需的关键元素

好奇号火星车发现，古代火星具有支持微生物生存的化学物质。2013 年 2 月，好奇号在黄刀湾对泥岩进行钻孔取样，并在泥岩的粉末样品中发现了硫、氮、氧、磷和碳，这些都是生命所必需的关键元素。样品中还发现了黏土矿物，但没有太多的盐，这表明那里曾经有新鲜的、可能可以饮用的水。

关于这个生命宜居环境的线索来自好奇号上的火星样品分析仪、化学与矿物学分析仪返回的数据。这些数据表明，火星车正

■ 好奇号火星车的运动轨迹

2013 年 6 月 27 日，由火星勘测轨道器高分辨率成像科学设备拍摄。图中右下角的亮点为好奇号火星车，可以看到它从布雷德伯里着陆场到黄刀湾的轨迹。

在探索的耶洛奈夫湾地区是一个古老河流系统的尽头，或者是一个间歇性湿润的湖床，可以为微生物生存提供化学能和其他有利条件。岩石由细粒泥岩组成，其中含有黏土矿物、硫酸盐矿物和其他化学物质。

好奇号钻取第一个样品的基岩位于盖尔陨石坑边缘向下延伸的古老河道网络中。基岩也是细粒泥岩，提供了火星多个地质时期潮湿环境存在的证据。

在火星岩石中发现了有机分子

有机分子是生命的组成部分，好奇号上的火星样品分析仪从夏普山和周围平原钻取的样品中发现了有机分子。这一发现并不一定意味着火星上过去或现在存在生命，但能表明火星上曾经存在生命起源所需的原材料。

在火星上钻探取样

在火星大气中发现了现存的活跃甲烷

好奇号上的火星样品分析仪中的可调节激光光谱仪检测到火星大气中甲烷的含量随季节变化，并观察到甲烷含量在两个月内增加了 10 倍。甲烷的发现令人兴奋，因为甲烷可以由生物或岩石和水之间的化学反应产生。火星上哪个过程产生了甲烷？是什么导致了这种短暂而突然的甲烷含量增加？这是人们关注的重点。

了解了火星环境的辐射情况

未来载人登陆火星，如果不加防护，火星的辐射水平将对航天员造成严重危害。好奇号上的辐射评估探测器发现，有两种形式的辐射对深空航天员的健康构成潜在风险：一种是银河宇宙射线，由超新星爆炸和太阳系外其他高能事件产生的粒子形成；另一种是与太阳耀斑和日冕物质抛射有关的太阳高能粒子。

艺术家想象中的火星人类基地

发现了火星古代火山爆发的证据

勇气号火星车在“本垒板”发现了火星古代火山爆发的证据。“本垒板”是哥伦比亚山“内盆地”内高约 2 米的层状基岩高原，位于勇气号在古谢夫陨石坑的着陆点附近。这是勇气号发现的第一个爆炸性火山矿床。

勇气号发现的爆炸性火山矿床

确定了火星大气中最丰富的五种气体

下图显示了火星大气中五种气体含量的百分比，这是由好奇号火星车在 2012 年 10 月对样品进行分析时测量的结果。这个季节是火星南半球的早春，地点在火星盖尔陨石坑内，南纬 4.49°，东经 137.42°。

这张图使用对数尺度表示大气中的体积百分比，这样这些浓度悬殊的气体都可以在图中表示出来。到目前为止，火星大气的主要气体是二氧化碳，占其大气总量的 95.9%。接下来含量较丰富的四种气体是氩气、氮气、氧气和一氧化碳。在好奇号执行任务的整个过程中，研究人员反复使用火星样品分析仪来检测大气成分的季节性变化。

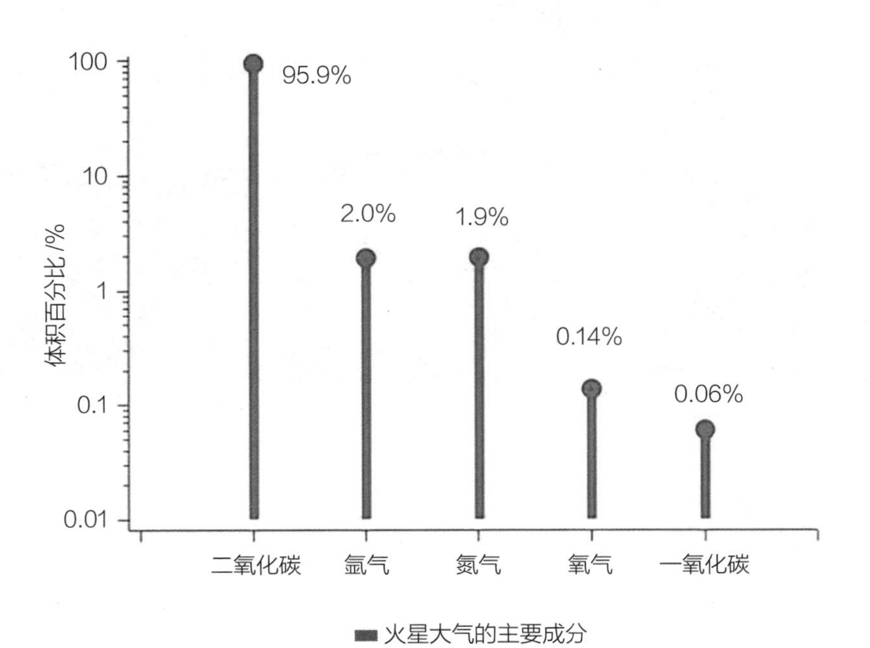

发现了古代火星可能宜居的证据

机遇号火星车发现了古代火星可能在长达数百万年的时间里都适宜居住的证据。在约克角奋进火山口的边缘，火星车在岩石中发现了铁和铝蒙脱石黏土。这是机遇号检测过的最古老的岩石（大约 40 亿年前），它们所处的区域可能曾经适宜居住。

在火星白水湖地区获得的照片

在火星发现了古老的酸性湖泊

机遇号发现，火星子午高原是由富含硫酸盐的砂岩和赤铁矿结核形成的，这些砂岩形成于古老的具有酸性和氧化性的浅水湖泊，后来在地质运动中被改造成了沙丘，并被上升的地下水黏合。

火星上形成于古老酸性湖泊的砂岩

第二章

火星取样返回漫谈

1 取样返回的必要性

2019 年 11 月，由 NASA 和 ESA 共同设计的“火星取样返回”（Mars Sample Return，MSR）任务已敲定：耗资 70 亿美元，分四步完成，计划从火星上采集约 600 克样品返回地球。

到目前为止，人类已经成功发射了多辆火星车，火星车能对火星进行就位探测，有了这种探测方式，为什么还要兴师动众地搞取样返回呢？

火星车确实有很多功能，但限于能携带仪器的种类和大小，火星车的探测能力还有很大局限性，不能满足人类探测火星的需要。特别是在判断火星样品中是否存在生命等关键问题时，火星车就捉襟见肘了，只有把样品带回地球，在地球实验室中用高级精密仪器分析，才能获得准确的结果。

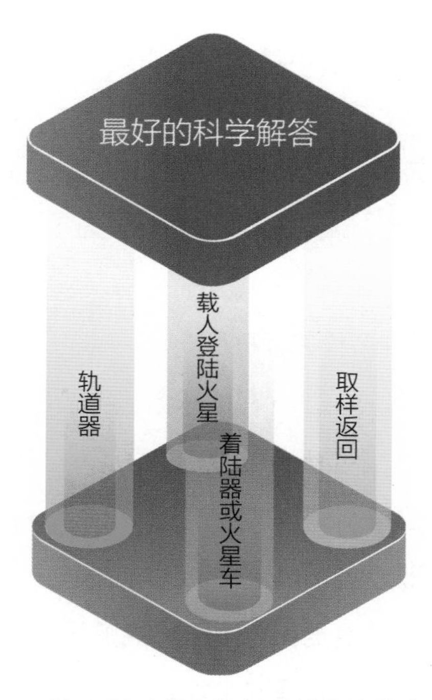

■ 基于“四条腿”的火星科学探索策略

轨道器的遥感探测可以获得火星行星尺度背景上的数据；着陆器或火星车的直接探测可以获得当地现场环境的数据；火星取样返回的方式可以获得详细样品数据。我们需要这三种方式来充分扩展人们对火星的认识。也就是说，尽管轨道器或火星车对火星探测已经取得丰硕成果，但深层次的探测还需要另一种方式，即取样返回，这相当于火星探测的“第三条腿”。当然，站位未来，还会有“第四条腿”，那就是载人火星探测。

概括来说，取样返回的必要性和意义有以下六个方面。

（1）一些深层次分析化验任务需要做复杂的样品准备工作，而这些工作在火星表面无法完成，只有在地球的实验室才能进行。

例如，要确定样品的地质年代，就要求在清洁的条件下先进行高纯度矿物分离，然后提取和浓缩微量元素，如铷、锶和钐等。在地球实验室中进行这项工作的程序已经很完善，但要在地球外天体上进行这项工作，条件还远远不具备。有些研究需要将样品加热到高温（大于1 000摄氏度），然后使用特殊的有机溶剂进行萃取，再对萃取物进行化学分析，生成用于有机分析的衍生物；还有冷冻干燥法等。另一个关键的例子是样品薄切片的准备，在做一些测试前，需要把样品切成薄片，简单的机器人系统不可能完成这样精细的工作。

（2）有些高精尖仪器无法送到火星。

某些仪器因为太大，其运行需要太多的能量，并且需要太多的维护，或者需要复杂的操作程序，因而不适合安装在火星着陆器上，计算机断层扫描（CT）就是其中一个例子。

（3）在地球对返回样品进行分析的探测仪器是多种多样的。

到目前为止，就位探测任务仅限于 5 ~ 10 种科学仪器。然而在地球上，我们可以使用 50 ~ 100 种仪器分析返回的样品，这可以极大增强初步发现的能力。

（4）从技术角度看，火星取样返回为载人探测火星打下坚实基础。

取样返回所经历的主要技术阶段，也是载人探测火星所必须经历的阶段，取样返回的经验对于做好载人探测火星的技术准备非常重要。对返回样品的研究将减少未来载人探测火星的风险，其中最重要的是确定火星的尘埃是否含有生物危害，这些生物危害将不可避免地被航天员接触，这种风险只能通过分析火星样品来评估。

（5）如果将一些样品储存起来，可以在分析技术取得突破后再进行研究，以在未来取得新的成果。

■ 就地探测与取样返回比较

（6）有利于促进国际合作。

火星取样返回不是单一的任务，而是一系列的任务，有非常高的技术要求。开展国际合作，火星取样返回任务会完成得更好。一旦这些样品返回地球，它们将成为一场大型国际科学分析活动的焦点。

2 取样返回的科学目标

在制定火星取样返回的科学目标和优先事项时，端到端国际科学分析小组（End-to-End International Science Analysis Group，E2E-iSAG，该小组由火星探索计划分析组 MEPAG 授权）确定了 4 个基本的科学目标：A. 寻找火星生命；B. 分析火星地表演化；C. 探索火星全球演化与大气；D. 载人探测火星。

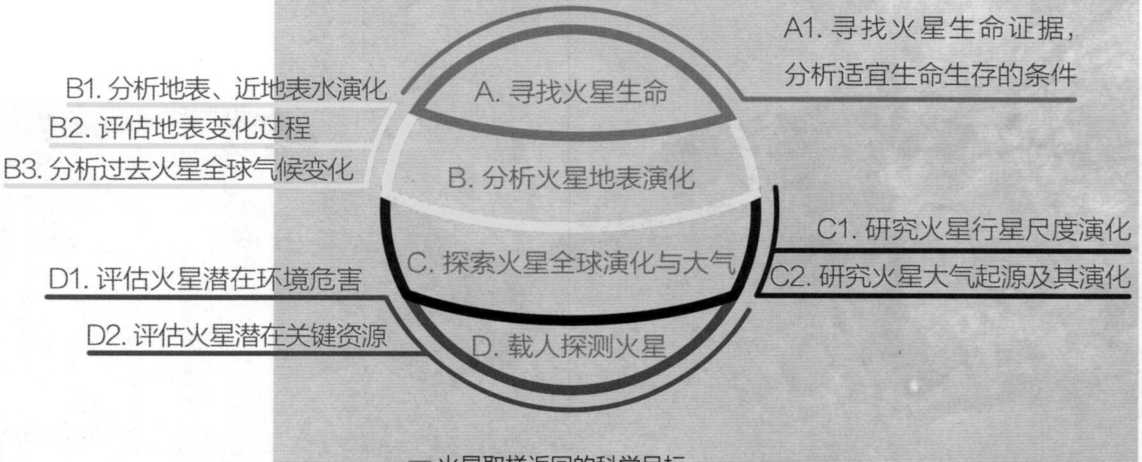

■ 火星取样返回的科学目标

基于分析返回样品所能获得的科学价值，又将以上 4 个基本目标进一步划分为 8 个具体目标，按优先顺序排列如下。

A1. 寻找火星生命证据，分析适宜生命生存的条件

目标 A1 指严格评估过去生命或其化学前体的任何证据，并对火星过去的适宜生存的条件和保存生命迹象的可能性进行详细的分析。

这个目标有 3 个不同但紧密相关的组成部分，即生命或其化学前体的证据、适宜生命生存的条件和保存潜力。

荒凉的火星表面

（1）生命或其化学前体的证据。

第一个组成部分是通过分析取样岩石来确定火星上的探测地点是否曾经存在生命或其化学前体。这个目标不是确定火星上是否曾经存在过生命，因为一个地点的否定结果不等于整个星球的否定结果。相反，我们的目标是确定样品中是否存在生命证据，并期望着陆点和样品中极有可能含有这种证据。参照地球早期生命的研究，为了确保收集到极有可能含有生命证据的火星样品，通过全面了解当地地质情况来缩小搜索范围是至关重要的。

（2）适宜生命生存的条件。

第二个组成部分与岩石形成的过去环境是否适宜生命生存有关。例如，如果对沉积岩进行采样，沉积的环境是什么样的？这种环境对生命有多友好？此部分关注的问题包括水的可用性（如水的化学性质、水体的寿命等），能源的可用性和有机碳的可用性。

最近的原位探测工作得出了两个重要的观点：其一，过去火星表面存在液态水；其二，火星条件在时间和空间上存在异质性。由于这种异质性，不可能对整个火星只进行一次宜居性评估，它需要在每一个寻找生命证据的地点进行。

确定任何给定地点在古代适宜生命生存的条件有多种目的。其中一个目的是引导勘探过程朝着最有希望的地点前进，并了解矿床中哪些特定物质更有可能含有生命证据。另一个目的是帮助理解，如果没有发现生物特征，其可能的原因是什么。如果地质记录表明存在持续的适宜生存条件和生物特征保存的理想过程，那么生物特征的缺失可能真正反映了火星生物圈的缺失。然而，如果当地的地质环境表明适宜生存的条件是短暂的，或者生物特征保存的过程并不理想，那么生物特征的缺乏对火星生物圈存在与否的影响就会很有限。

（3）保存潜力。

第三个组成部分涉及了解岩石中保存生命或非生物有机物迹象的可能性。

“保存潜力”指的是，为了让生命的证据被探测到，它必须在影响岩石的所有地质过程中幸存下来。许多地质过程，包括侵蚀、氧化、再结晶、物理变形和化学蚀变，都可以抹去生命的迹象。描述环境特征和过程、保存生命的特定证据线索是寻找生命的关键先决条件。

不同类型的生物特征需要不同的保存条件。与适宜生命生存的条件一样，保存潜力有助于寻找更有可能包含生命证据的材料，并有助于理解如果没有发现生物特征的话，其可能的原因是什么。

寻找火星生命遇到的一个难题是，我们要寻找过去的生命，还是现在的生命?

鉴于我们目前对火星的了解，对如何探索火星上的过去生命有非常明确的策略。对于着陆点的优先排序是有标准的，一旦在火星表面上着陆，就有采样的策略。相比之下，目前的探测系统是否能够探测到火星表面有无现存生命，这一点就不那么清楚了。火星车将在火星低水活度、高紫外线辐射和低温的一般表面环境中运行，这对生命来说将是非常不利的。此外，如果今天火星上真的存在生命，我们不清楚在哪里最有可能找到它。就目前而言，应该把战略计划集中在寻找古代火星生命上。

C1. 研究火星行星尺度演化

目标 C1 指定量地测定火星的年龄、吸积背景和过程、早期分异和岩浆磁学历史。

对火星行星尺度演化的重要结论来自对火星陨石的研究，这是在火星取样返回之前唯一可用于研究的样品。这些研究为火星探测提供了一种补充方法，但陨石研究有一定的局限性。最近火星就地探测的结果表明，火星陨石不能代表在火星表面发现的大部分岩石，这使人们怀疑从陨石推断出的火星地质演化是否适用于整个火星。

通过以前的研究，发现火星陨石有不少缺点：

（1）产生火星陨石的地点未知，大多数陨石的年龄小于 14 亿年，即处于亚马孙纪。

（2）它们都受到不同程度的冲击，经历了高达 60 吉帕的峰值压强，会影响其矿物学和放射性同位素特征。

（3）没有演化的火成岩成分，都是镁铁质到超镁铁质。

（4）大多数陨石都受到液晶分馏的影响，限制了其母熔体的组成。

（5）陨石相对于行星表面的方向是不知道的，不能用于古代磁场方向的磁性研究。

（6）它们都遭受过深空辐射（影响到一些同位素）。

（7）不能为火星轨道或表面任务提供火星表面真相。

（8）所有的火星陨石都受到了某种形式的陆地改变或污染的影响。

这些缺点也侧面说明了火星取样返回是多么重要。

Tissint 火星陨石

Tissint 是 2011 年 7 月 18 日降落在摩洛哥的火星陨石，赵研藏品。

B1. 分析地表、近地表水演化

了解火星过去的水的历史对于了解火星过去是否具有适宜生命生存的条件和气候，以及了解影响火星地表地质过程的顺序和性质至关重要。

最有价值的火星样品来自诺亚纪，目前最有力的证据表明，液态水在火星表面曾经长时间广泛存在。如果能够发现年轻的热液矿床，并可进行取样，将是相当有意义的。

古代流水曾经侵蚀过的火星表面

B3. 分析过去火星全球气候变化

火星在其整个地质演化历史中经历了环境和气候条件的极端变化，这些变化在幅度和时间上有很大的不同。**最极端的变化发生在诺亚纪和西方纪之间，此时，地表条件似乎发生了巨大变化。**虽然诺亚纪山脉保留了河流和湖泊活动的良好沉积记录，但这种记录在较年轻的矿床中要少见得多。

火星早期气候温暖潮湿的原因仍然是这个星球令人困惑的问题之一。对这个早期温暖时代的样品进行研究，将为研究火星早期大气的性质及其可能的演化提供重要线索。

火星的表面

如今的火星太冷，大气层太薄，其地表无法支持液态水留存。然而，2001 火星奥德赛发现火星上的大部分水都以冰的形式被困在表面下。2001 火星奥德赛让科学家们得以测量永久表面冰的体量，以及它是如何随着季节变化的。此外，2001 火星奥德赛对火星地质地貌和矿物的研究——尤其是那些在有水存在的情况下形成的地质地貌和矿物——有助于我们了解大约 45 亿年前火星初步形成以来，水在火星气候演变中的作用。

D1. 评估火星潜在环境危害

对于人类登陆火星的任务，人们认为无法避免与火星物质接触，这意味着火星物质将通过航天员和他们的设备被运送回地球。因此，此类任务的规划将严重依赖于对火星土壤、灰尘中潜在生物危害的先验信息。从无处不在的火星地面尘埃中取样，可以看出其中所含的物质是否对未来的勘探构成生物、机械或静电危害。表层土壤样品分析可以验证这种广泛存在的物质的潜在危险，并验证其藏匿或摧毁微生物的能力。来自浅层（1 ~ 2 米）地下的土壤样品将显示该环境是否与地表有显著不同。

■ 被沙尘暴吞没的火星

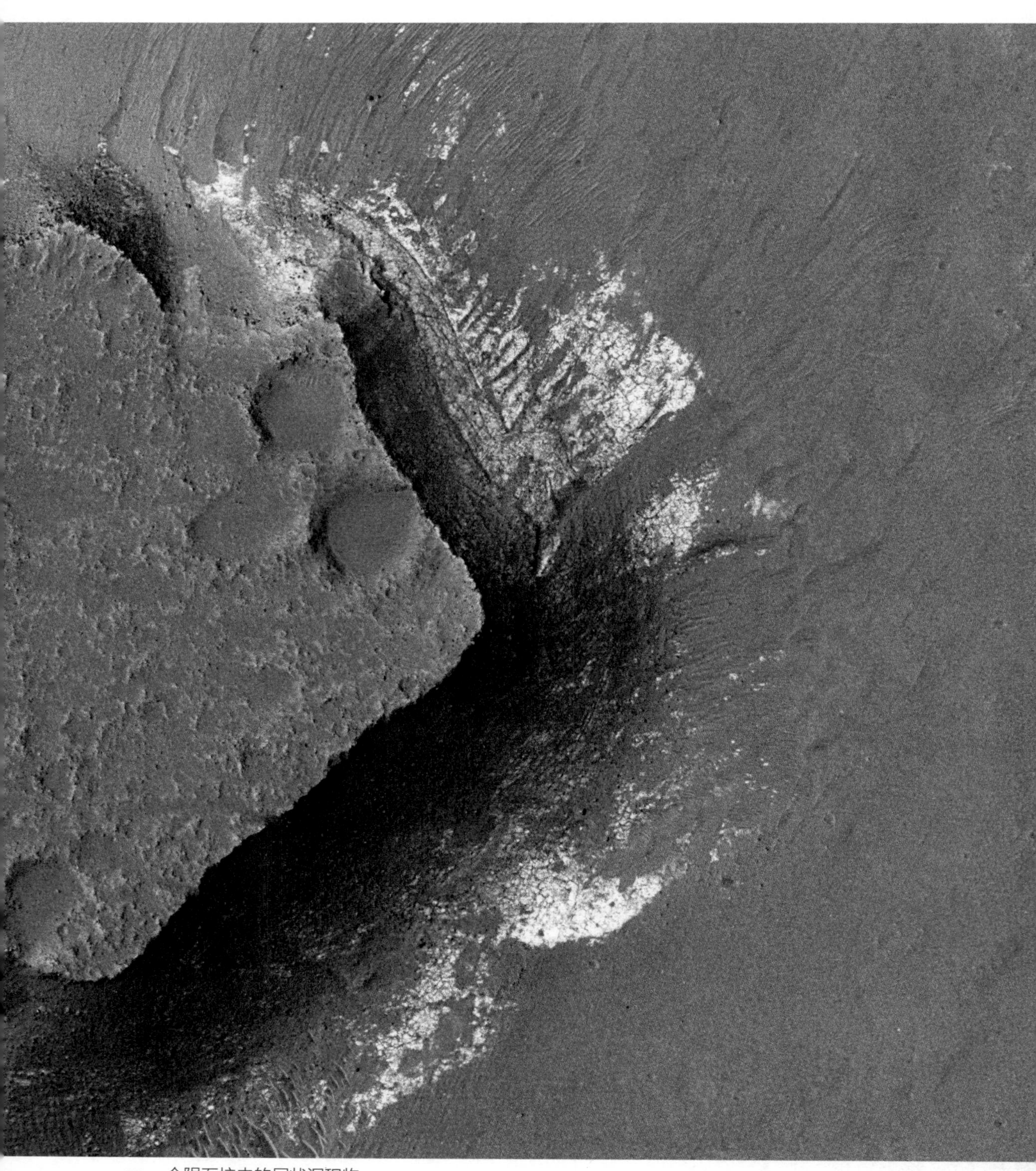

一个陨石坑内的层状沉积物

B2. 评估地表变化过程

评估火星地表的变化过程，包括但不限于撞击、大气/光化学过程、火山和风形成过程。

火星表面的大部分地质演化历史记录在岩石、沉积物和土壤中，它们的组成不受表面和近表面水作用的影响，为许多最高优先级研究调查提供了依据。

C2. 研究火星大气起源及其演化

目前，好奇号火星车以及火星大气与挥发物演化任务（Mars Atmosphere and Volatile Evolution Mission，MAVEN）已经对微量气体（二氧化碳、水、氧气、甲烷、氮、硫、乙烷等）及其氢、碳、氮、氧、硫同位素组成进行了高精度的原位分析。相比之下，返回的气体样品将允许对所有稳定成分进行高精度分析，包括微量元素、稀有气体的同位素和其他稳定成分（如二氧化碳和氮气）。由于陨石数据和轨道测量的限制，稀有气体的分析将是火星大气样品返回后研究的主要目标。

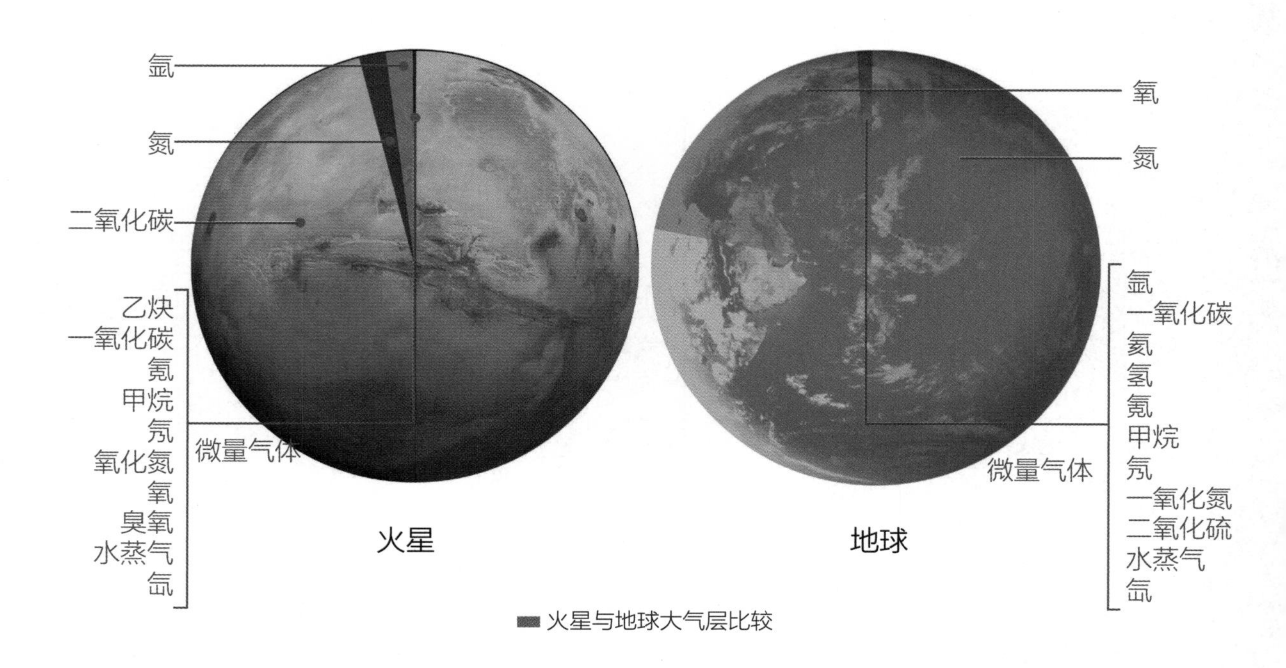

火星与地球大气层比较

D2. 评估火星潜在关键资源

可能会改变未来人类火星任务规划基础的最大因素是在火星表面发现可回收的氢资源。碳和氧是支持人类在火星表面停留的重要资源，它们可以从富含二氧化碳的火星大气中轻易获得。然而，氢（或相当于水）在火星大气中并不足够丰富。水有多种用途。水要么就地获取，要么从地球上运送——如果是后一种选择，运送大量的水对于在火星表面长期停留的任务来说将是沉重的负担。

虽然水冰是一种宝贵的氢资源，而且肯定存在于火星高纬度地区，但对于第一次火星取样返回任务来说，着陆点（特别是纬度选择）、行星保护和样品保存方面的考虑都使冰样品的返回不切实际。另一种选择是含有水或 OH 的矿物，它们已经通过轨道探测和表面探测被识别出来，如层状硅酸盐、沸石和水合硫酸盐。在大多数情况下，这些矿物的分布似乎仅限于火星上相对较小的范围，然而，由于这些地方与过去存在的水有关，因此具有很高的科学价值，它们很可能会吸引科学研究者和未来的人类探险家。

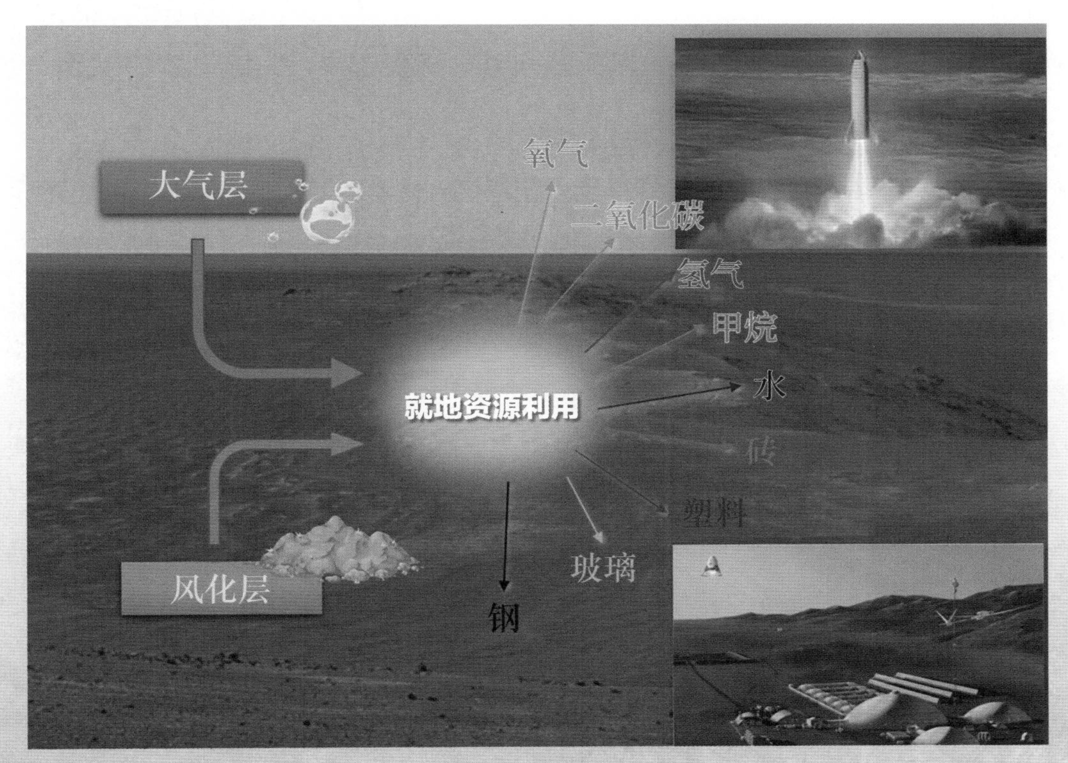

■ 火星资源

3 关注的样品类型

美国发射的毅力号火星车在耶泽罗陨石坑除了进行实地探测外，还收集了一些样品，当未来的取样返回探测器到达火星后，就可以直接将这些样品带回地球。但美国国家航空航天局和欧洲航天局还不放心，觉得取样返回十分重要，只在一个地区取样恐怕难以获得更大的科学成果。因此美国国家航空航天局已经决定，待再次发射一次火星车，准备好更多的样品后，再发射取样返回探测器。

将火星样品返回地球，这个成本是相当高的。那么，究竟要取回哪些类型的样品呢？很明显，样品不可能是一种，而应该是多种，这是由科学目标决定的。根据前面介绍的取样返回研究所提出的目标，概括起来，主要包括以下类型。

沉积岩样品

沉积岩样品可能是包含化学沉淀、火山灰、撞击玻璃、火成岩碎片和层状硅酸盐的复杂混合物。沉积岩保存着行星表面最连续的地质历史记录，包括任何生命历史的痕迹。

热液蚀变岩样品

地球上热液蚀变的岩石提供了维持微生物生存所必需的水、养分和化学能，它们还可以在其矿床中保存化石。热液过程极大地影响了地壳和大气的矿物成分和挥发性成分。

低温流体蚀变岩样品

近地表环境条件下（通常小于 20 摄氏度）发生的化学蚀变过程产生低温蚀变岩，其中包括水风化、古石化和各种氧化反应。了解低温下变化过程的条件将为科学家了解火星近地表水文循环和挥发性化合物的质量通量提供重要的依据。

火成岩样品

火成岩（又称岩浆岩，是由岩浆喷出地表冷却凝固所形成的岩石，有明显的矿物晶体颗粒或气孔），主要为熔岩和玄武岩成分的浅层侵入岩，它们对研究火星表面和内部的地质演化具有重要意义。

风化层样品

火星风化层（即火星土壤）记录了火星地壳和大气之间的相互作用、岩石碎片的性质、在表面移动的灰尘和沙粒、水和二氧化碳在冰和大气之间的迁移。风化层研究将通过评估毒性和潜在资源助力未来的人类勘探。极地冰样品将有助于揭示现在和过去的火星气候条件，以及水的循环过程。短岩心可以帮助了解火星过去 10 万到 100 万年的气候变化过程。

大气气体样品

对火星大气气体样品的研究将有助于探明火星大气的组成，并搞清楚其起源和演变的过程。有机气体，如甲烷和乙烷，可以分析它们的丰度、分布，以及它们与潜在的火星生物圈的关系。返回的氖、氪、二氧化碳、甲烷和乙炔的样品将带来重大的科学效益。对火星尘埃的化学和矿物学分析有助于阐明火星的风化和蚀变历史。考虑到火星尘埃的全球同质性，来自火星任何地方的单一样品都可以代表整个星球。

表层样品

为了调查氧化剂（如 OH、HO_2、H_2O_2 和过氧自由基）的丰度，以及有机质的保存情况，应在火星表层或露头深度从厘米到几米的范围内获得一套完整的样品。

其他样品

其他样品包括岩石块岩、由细粒风化层组成的火山灰、可能来自着陆点以外的矿层和矿床，以及可以确定其变化历史的陨石，从而为了解火星气候历史提供线索。

火星加油站：岩石的分类

岩石依据其成因可分成岩浆岩、沉积岩和变质岩三大类。

岩浆岩又称火成岩，是由地壳下面的岩浆沿地壳薄弱地带上升侵入地壳或喷出地表后冷凝而成，又可分为侵入岩和喷出岩（火成岩）。喷出岩是在温度、压力骤然降低的条件下形成的，造成溶解在岩浆中的挥发成分以气体形式大量逸出，形成气孔状构造。当气孔发育完备时，岩石会变得很轻，甚至可以漂在水面，形成浮岩等。岩浆岩是由岩浆直接冷凝形成的岩石，因此，具有反映岩浆冷凝环境和形成过程所留下的特征和痕迹，与沉积岩和变质岩有明显的区别。岩浆岩包括玄武岩、花岗岩、橄榄岩、安山岩、流纹岩等。

火成岩样品

沉积岩，又称为水成岩，是由成层堆积于陆地或海洋中的碎屑、胶体或有机物等疏松沉积物团结而成的岩石。主要特征是：层理构造显著，富含次生矿物、有机质；沉积岩中常含古代生物遗迹，经石化作用即成化石，即生物化石。

含有氧化铁条纹的沉积岩

变质岩是由地壳中的原岩（包括岩浆岩、沉积岩和已经生成的变质岩），由于地壳运动、岩浆活动等，在固体状态下改变了原来岩石的结构甚至矿物成分，形成的新的岩石。

■ 石英岩

石英岩是变质岩的一种。

转化过程：当原始物质经过热的作用或压力的降低，可发生部分熔融而形成岩浆。岩浆沿着地壳的裂隙上升至地壳的浅处，或经由火山喷发至地表，冷却结晶形成岩浆岩。沉积岩在地壳深处经过长时间高温和高压的作用而发生变质作用，形成变质岩。也有一部分变质岩是由岩浆岩受高温高压的作用而形成。在地壳深处的变质岩经过高温的作用后，可产生深熔作用而被熔为岩浆。有一部分的岩浆岩经过高温的作用后，亦可再熔融为岩浆，岩浆经结晶作用后又形成了新的岩浆岩，如此循环不已，形成地质大循环。

固结成岩
沉积物
搬运沉积
风化侵蚀
沉积岩
风化侵蚀
岩浆岩
变质作用
变质作用
重熔再生
冷却凝固
重熔再生
变质岩
岩　浆
重熔再生

■ 不同岩石的转化过程

4 影响科学价值的样品属性

样品大小

一个完整的科学调查计划预计需要至少 8 克的岩石和风化层样品。为了支持生物危害检测，每个样品应增加约 2 克，使最佳样品量约为 10 克。然而，对某些类型的样品，非均质性的纹理研究可能需要一个或多个较大的约 20 克的样品。材料应保留存档，以供今后调查。

样品数量

研究样品之间的差异比详细研究单个样品能提供更多的信息。一般认为，有效实现火星取样返回科学目标所需的样品数量为 35 个（28 个岩石、4 个风化层、1 个尘埃、2 个气体）。

样品封装

为了保持样品的科学价值，返回的样品不能混合，每个样品必须与其记录的现场背景一一对应，并且岩石样品在运输过程中应受到保护，防止破碎。

样品多样性

返回样品的多样性必须与探测器所遇到的岩石和风化层的多样性相称。这个指导方针对着陆点选择和火星车操作规程有很大影响。一般来说，火星取样返回只访问一个地点是可以接受的，但访问两个独立的着陆点会更有价值。

样品温度

一些关键物质对超过表面温度的温度很敏感，如有机物质、硫酸盐、氯化物、黏土、冰和液态水。如果样品保持在 -20 摄氏度以下，则火星取样返回的目标最有可能实现；如果样品保持在 20 摄氏度以下，则不太可能实现；如果样品保持在 50 摄氏度以下 3 小时，就会造成重大损害，特别是对生物研究而言。

污染控制

为了达到火星取样返回的科学目标，必须尽量减少在火星上的无机质和有机质污染。

5

科学风险

在许多方面，火星取样返回已经在进行中。NASA 的毅力号火星车正在耶泽罗陨石坑的一个古老的河流三角洲附近徘徊，收集有潜在天体生物学价值的标本，然后由多个相互配合的航天器将其运回地球，目前这些计划正在快速进行中。但该项目的一些关键问题仍悬而未决：考虑到带回的火星微生物可能以某种方式污染地球生物圈，返回的样品到底应该如何处理？成本有多大？

到目前为止，这些问题仍然难以回答。这不仅会对火星取样返回产生深远影响，也会对后续人类登陆火星的计划产生深远影响。航天员会不会在不经意间将地球上的微生物引入这个红色星球？也许更重要的是，他们能确定自己没有携带火星微生物回到地球吗？

NASA 目前对火星取样返回的建议是用一艘星际渡船，在地球大气层的高空释放一个锥形的、装满样品的太空舱，称为“地球入口系统”。然后，太空舱将在没有降落伞的情况下经受一场猛烈的坠落，最终降落在美国犹他州测试和训练范围内的一个干湖床上。尽管撞击速度约为 150 千米 / 时，但太空舱的设计将保持火星样品的完整和良好隔离性。一旦回收，样品将被放置在独立的保护容器中，然后运往场外的样品接收设施。这种设施可能类似于今天研究高传染性病原体的生物实验室，采用多层去污染措施、空气过滤系统、负压通风和其他保障措施。

根据多个专家小组的调查结果，虽然 NASA 目前认为该方案的生态和公共安全风险“极低”，但并非所有人都同意。2022 年，NASA 就一份相关的环境影响报告草案征求了公众意见，总共收到了 170 条反馈，其中大多数都对直接到地球、用特快专递邮寄火星样品的设想持否定态度。

第三章

根据科学目标选择样品

1 寻找火星生命所需的样品

在选择火星样品时，首先要明确科学目标。第二章已经介绍了火星取样返回的 4 个总目标和 8 个具体目标，本章按照 4 个总目标，介绍每个总目标对样品选择的要求。

生命是否在地球以外的地方产生过（或仍然存在）是人类探索宇宙关注的基本问题之一，而火星是寻找答案的很好的备选目标。在太阳系的所有天体中，火星与地球最相似，有证据表明火星在遥远的过去曾有水存在，可能适合生命生存。对地球化石年龄的研究表明，生命早在 35 亿年前就已经存在于地球上了，火星上是否也在同一时期出现了生命呢？这是火星探索的核心问题，火星样品返回被认为是实现这一目标的必要条件。

目前认为火星能够承载生命的原因

（1）水的存在。

火星上有足够的水（大部分被困在冰中），可以覆盖整个星球，深度为 11 米。例如，位于火星北极附近的科罗廖夫陨石坑拥有大量的水冰，估计厚度为 1.8 千米。这种巨大的水供应对于火星勘探和人类居住至关重要，因为它不仅可以用于饮用，还可以用于生产氧气和氢气。

■ 科罗廖夫陨石坑中的水冰

火星稀薄的大气层

（2）火星有大气层。

尽管火星大气非常稀薄，但它确实有大气层，主要由二氧化碳构成。二氧化碳可以通过相对简单的方法转化为氧气和燃料。2021 年降落在火星上的毅力号火星车进行了一项将二氧化碳气体转化为氧气的试验，并且取得了重要成果。

（3）必需的植物营养素。

火星土壤（即火星风化层）含有植物生长所必需的多种营养素，这些养分的存在是无价的宝藏。其含量因地理区域而异。但如果想在火星上种植植物，必须先修复土壤，以去除有毒的高氯酸盐。

（4）可用于建筑的原始资源。

研究人员已经证明，火星土壤可以压缩成砖块用于建造建筑，且不需要添加剂。风化层还可以与火星上含量丰富的硫结合来生产混凝土，铁可以通过更耗能的过程从风化层中提取。

（5）可控温度。

火星表面非常寒冷，平均温度为 -62 摄氏度。因此，人类栖息地的设计需要具备抵御极端寒冷的能力。然而幸运的是，这些温度并没有超出我们的应对能力。事实上，地球上有些城市的温度也是非常低的。

（6）小于地球环境的重力。

火星上的重力加速度约为地球上重力加速度的 37.5%。目前尚不清楚这将如何影响在火星上度过很长时间的人类的健康，然而对连续长时间在空间站中停留的航天员健康情况的监测表明，人体机能对太空飞行环境具有很强的适应性。有了一定的重力，可以预期火星上的航天员会过得更好。

（7）类似地球的昼夜循环。

地球和火星的昼夜循环非常相似。火星上的一天大约是 24 小时 40 分钟。这对火星上的人类探险家来说是个好消息，因为我们的昼夜节律受到光照时间的调节，生活在与地球一天几乎一样长的环境中，对健康睡眠有极大的好处。类似长度的白天时间也可能对火星农业有价值。

设想的未来火星

适合科学目标的样品类型

（1）水下沉积物。

沉积物指陆地或水盆地中的松散碎屑物，如砾石、砂、黏土、灰泥和生物残骸等。水下沉积物是指所有水沉积的表面沉积物，这种矿床既包括碎屑矿床，也包括化学矿床。我们最想获得的样品是：有潜在生物沉积的沉积物（如碳酸盐）；可能含有浓缩有机物质的沉积物；极有可能保存微化石的沉积物；与潜在生物形态特征相关的沉积物。此外，无论是在原位观察和测量，还是取样研究，任何含有高度原始结构的岩石都是有价值的，任何含有保存完好的沉积结构、纹理的材料都是有价值的，因为这些都为解释古环境提供了重要的依据。

从更广泛的意义上说，必须以岩层为目标，以便能够绘制不同层状沉积物的相对位置（垂直或水平）。这些关系可以解释地层年龄、古环境和矿物学或沉积学梯度，相当于按正确的页码顺序阅读一本书。

耶泽罗三角洲（毅力号火星车着陆区）

火星上 100 多个扇形三角洲的存在已经确定了古湖泊的存在，主要集中在古老的陨石坑和盆地中，许多都与区域流域末端的河谷相连。在诺亚纪高地附近发现了含陨石坑的三角洲，并在特比（Terby）陨石坑以厚达 2 千米的沉积物形式出现，这表明这一区域曾有过广泛的水活动。

特比陨石坑位于火星南纬 27°，东经 74° 左右，在火星南半球希腊平原撞击盆地的北部边缘。特比陨石坑地区具有重要的科学意义，因为那里的沉积物揭示了水在火星历史中的作用。

特比陨石坑

虽然科学家们对火星上古湖形成的气候和持续时间还存在争议，但古湖底部的沉积物提供了明确的证据：这些是有机物质沉积和保存的最合适的位置。事实上，在地球上的海洋和湖泊环境中，保存了完整的古环境和沉积谱中的有机物质，通过生物标志物分析可以了解详细的环境、地质、气候演化过程。

（2）热液沉积物。

热液沉积物是指由岩浆岩或撞击活动产生的热循环流体沉积在地表的地质物质。沉积物可能起源于水下。过去几十年的大量研究表明，热液沉积环境不仅是极端微生物在地球上广泛生存的地方，而且由于过饱和水从地下涌出时发生的快速矿化，这也是保存生物特征的绝佳地点。

火星埃里达尼亚盆地的一部分

这里曾经是一片海洋，古老的热液矿床被较年轻的火山矿床包围。

对于探索火星的古代环境，包括对保存的生物特征的勘探，最有探测价值的地方是火山活动或撞击产生的热量与地表水（包括冰）相互作用而形成热液系统的地方。热液系统连接全球大气、水文和岩石圈循环，并通过流体流动连接地表和浅层地下区域。此外，地球上所有的大型撞击构造都与水热活动有关。热液矿物（如黄钾铁矾、明矾石）可用于测定热液活动的年代，并可用于提取这些环境中的古气候信息和蚀变历史。

热液矿床是一种古老的地质环境，长期以来被认为是火星天体生物学探索的重要目标。在地球上，水热环境中生存着极端微生物。关键是，地球上所有已知的温泉沉积物中记录有 35 亿年前至今的地质演化历史，并且包含有各种保存下来的生物特征。

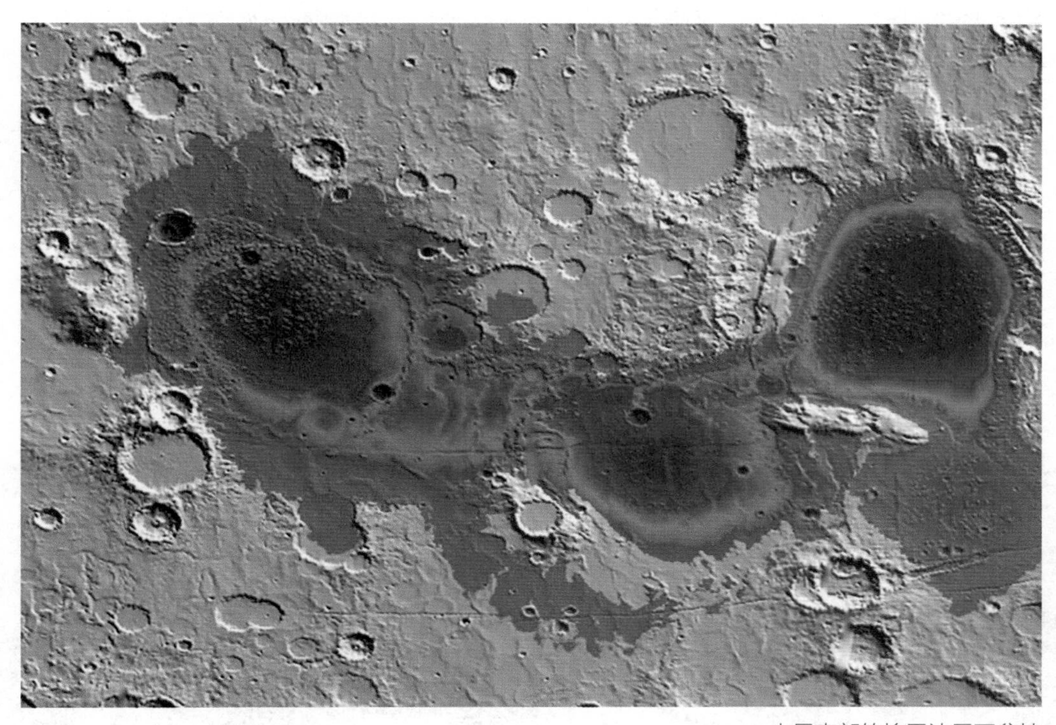

火星南部的埃里达尼亚盆地

在大约 37 亿年前，这里曾拥有一片海洋，海底沉积物可能是由水下热液活动造成的。

火星早期的热水来源包括地热热流、火成岩过程（如地下岩浆和火山）和陨石撞击融化冰。已经发展的生命可能是在地表下或陆上水域中形成的，具有化学营养性和厌氧性，并可能与热液系统有关。此外，虽然冲击过程可能破坏有机物质，但冲击也可能导致适宜生命生存的条件，冲击产生的热液系统可以保存生命体在冲击后存留下来的证据。

（3）被热液改变的岩石。

热液蚀变岩是指被岩浆或火山活动产生的流体蚀变而产生的岩石。由于原始矿床的化学、矿物学、结构和地层状态的改变，高温流体对岩石蚀变的程度可能会减少现存的关于过去生命的信息。地球上存在地下生物圈说明了在火星上类似的地下环境中存在生命的可能性，即在地下空隙中，液态水现在（或曾经）是可用的。

好奇号火星车发现的被水冲刷过的岩石

（4）被低温流体改变的岩石。

与热液蚀变相反，低温流体蚀变岩石包括与地下大气流体（或地层流体）相互作用而发生蚀变的岩石。通常，与热液（岩浆或火山）流体相比，这种流体温度较低。

低温流体改变的岩石被认为是有助于实现科学目标的最优样品之一。例如，了解火星的地质表面形成过程、行星演化过程及其大气层，或寻找生命及其生命前体。越来越多的证据表明，经过改造的现代和古代陆地海底，陆上湖泊或冰下枕状熔岩、玻璃玄武岩角砾岩和透明碎屑岩凝灰岩展现出巨大的天体生物学潜力。玄武岩在风化过程中会形成各种自生相，其中一些如黏土和沸石反映了含水地层条件，可以提供有用的生物印记。这种岩石的性质也适合微生物生长，微生物在低温 / 热液玄武岩玻璃蚀变过程中可以发挥重要的生物催化作用。在火星上已经发现了一系列通常与蚀变玄武岩、火成岩相关的矿物。

近年来火星探测提供的具体线索

近年来的火星探测取得了丰硕的成果，其中就包括发现了许多关于火星可能存在生命的证据。我们先看看这些成果给火星取样带来了哪些线索。

（1）黏土矿物。

黏土矿物是一类含水硅酸盐矿物，其形成离不开水。科学家认为，假如火星上过去曾有生命存在，这些矿物就有可能含有构成生命的某些化学成分，研究黏土矿物有助于确定火星过去的地表环

境是否适合生命形式存在。

黏土是存在生命的一个很好的线索，因为它通常是在岩石矿物与水接触后风化形成的——水是生命的关键成分，黏土也是保存微生物化石的优良材料。黏土矿物的存在可以直接证明火星历史上曾经存在水，但黏土与生命的直接联系还是一种猜测。美国的好奇号火星车在调查盖尔陨石坑着陆点周围富含黏土的沉积岩时获得重要发现，这个距今约 35 亿年的陨石坑中河流湖泊的岩石中含有高达约 28%的黏土矿物。

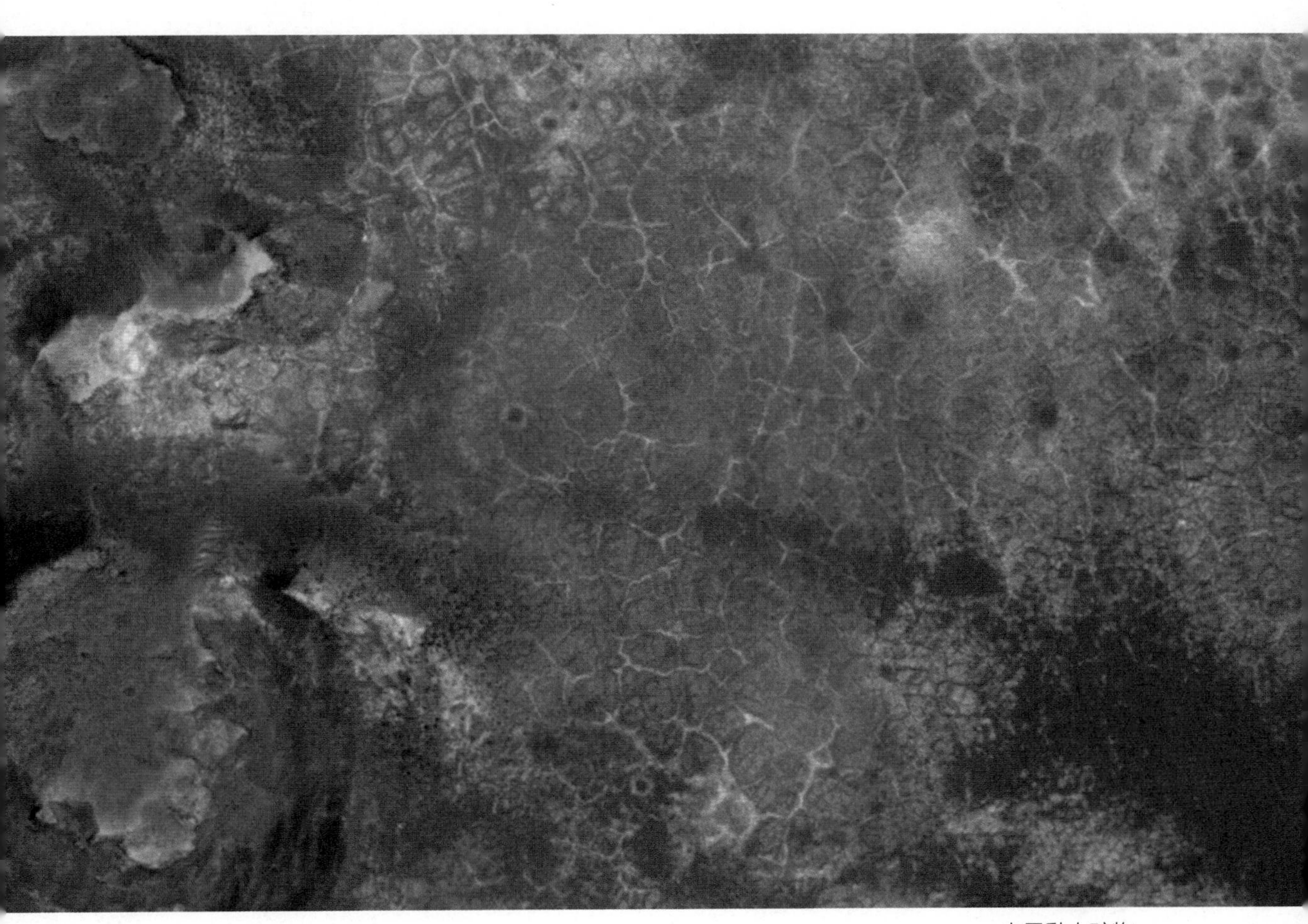

火星黏土矿物

（2）甲烷。

好奇号火星车自2012年登陆火星盖尔陨石坑以来，其探测系统已经发出6次关于甲烷的信号，但科学家们无法找到它们的来源。现在通过一项新的分析，研究人员可能已经追踪到甲烷“打嗝”的起源。据研究人员称，这一结果令科学家们兴奋不已，因为地球大气层中几乎所有的甲烷都是由生物活动产生，因此火星上的甲烷可能是在表面荒凉的星球上寻找生命的关键线索。即使甲烷是由非生物过程产生的，它也可能表明行星地质活动与液态水的存在密切相关——液态水是过去或现在生命繁衍生息的重要条件。

科学家以前尝试用欧洲航天局的微量气体轨道器（Trace Gas Orbiter，TGO，是欧洲航天局ExoMars火星探索计划的一部分，其任务是在火星大气层中寻找甲烷）检测到的大气甲烷水平来交叉检测好奇号的甲烷峰值，但都失败了。这可能意味着火星大气中有甲烷，而TGO不知何故没有检测到它，或者火星大气中没有任何甲烷，好奇号就停在甲烷的源头区域上，甲烷可能是从火星表面下方的某处泄漏出来的。

下面这幅图描绘了甲烷被注入火星大气（来源）和从大气中移除（散失）的可能方式。好奇号火星车探测到大气中甲烷浓度的波动，意味着这两种类型的活动都发生在火星的现代环境中。

一个甲烷分子由一个碳原子和四个氢原子组成。甲烷可以由微生物产生，也可以由不需要生命的过程产生，如水和橄榄石（或

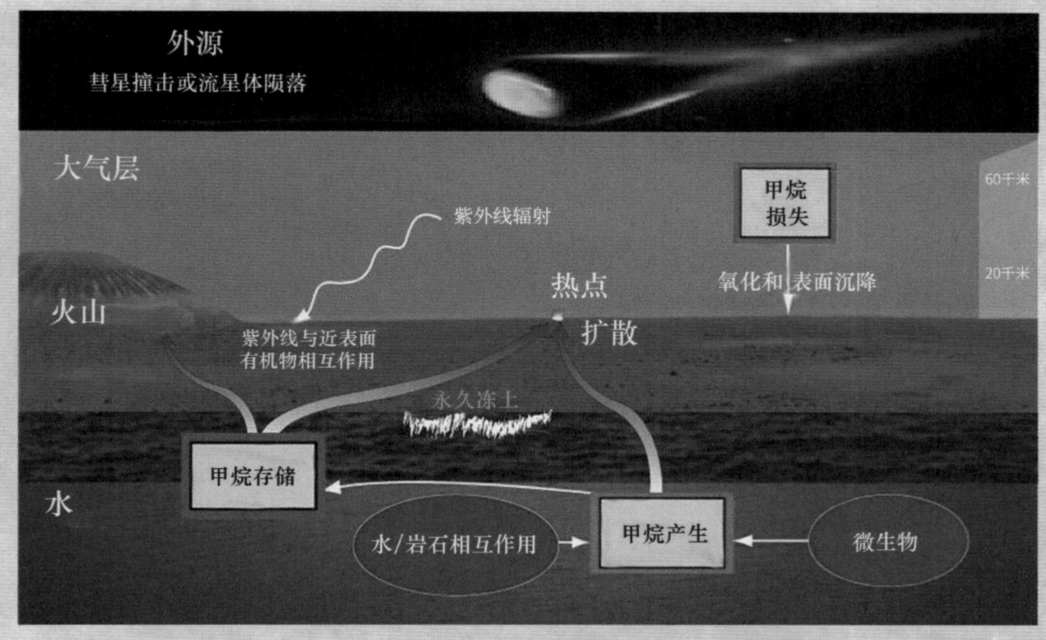

甲烷的来源与散失

辉石）之间的反应。紫外线辐射可以诱导反应，从生物或非生物过程产生的其他有机化学物质中产生甲烷，例如落在火星上的彗星尘埃。在遥远的过去或最近的过去，在火星地下产生的甲烷可能储存在晶格结构的甲烷水合物中，称为笼状物，并在稍后的时间由笼状物释放出来，因此今天释放到大气中的甲烷可能是在过去形成的。

火星上的风可以迅速吹散来自任何单个来源的甲烷，从而降低甲烷的局部浓度。甲烷可以通过阳光诱导的反应（光化学）从大气中消除。这些反应可以通过甲醛和甲醇等中间化学物质将甲烷氧化成二氧化碳，二氧化碳是火星大气的主要成分。

（3）曾经存在液体水。

火星车已经在火星表面发现多处流水的古老迹象，由此可推断这颗红色星球上曾经有过生命。例如，机遇号火星车在鹰陨石坑就发现这里曾经被水“浸透”过，可能是浅水，从它干涸到现在可能已经过去了数十亿年。火星表面有液态水，这意味着那里可能也

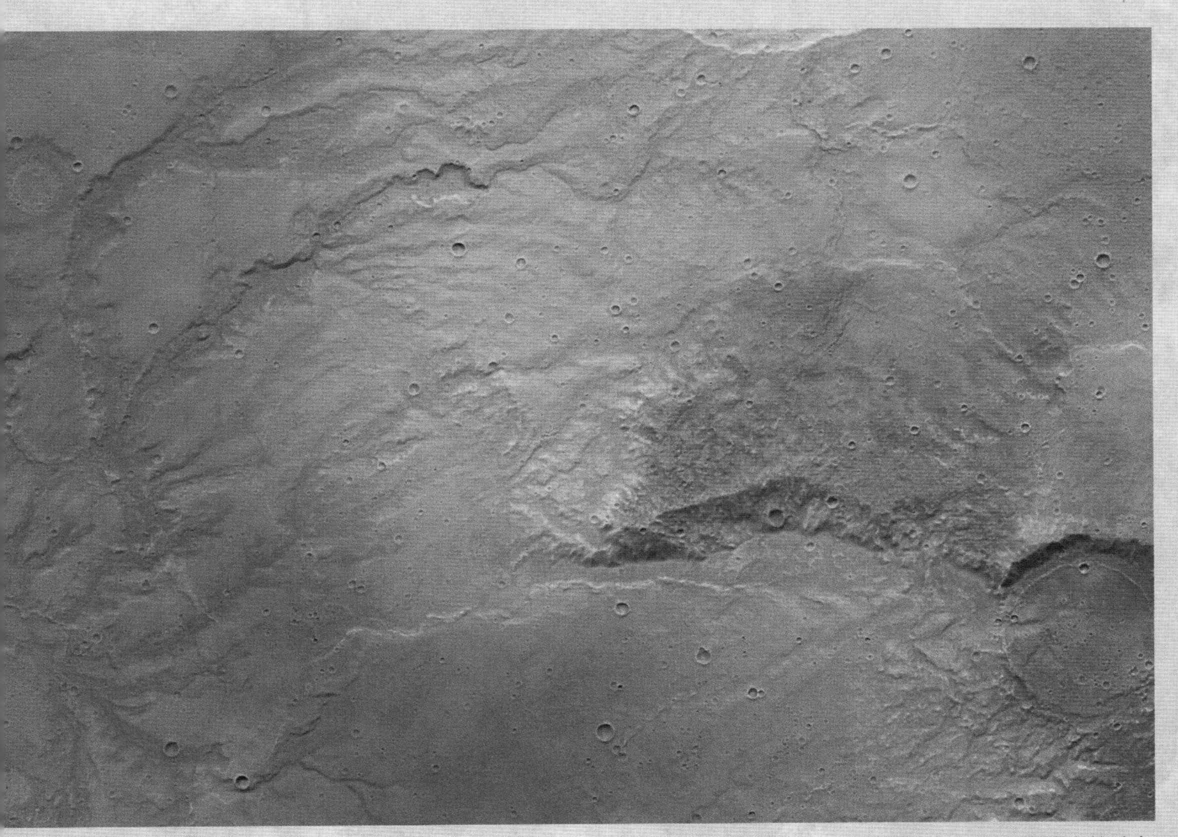

火星上存在的古代流水的迹象

有生物。所以假设鹰陨石坑曾经是有生命的，那么什么样的生物可以快乐地生活在那里？什么样的微生物能够很好地适应鹰陨石坑潮湿时的环境呢？机遇号火星车科学小组一位成员认为，候选者可能是脱硫弧菌属的硫酸盐还原细菌。

光合作用是地球上生命的引擎，我们在地上所看到的几乎到处都有绿色植物，整个动物王国几乎都依赖光合作用生物作为直接或间接的食物来源。不仅是植物，许多微生物也能进行光合作用。它们是光自养生物，通过直接从阳光中获取能量来制造自己的食物。

但是脱硫弧菌不是光自养生物，它是一种化学自养生物。化学自养生物也会自己制造食物，但它们不需要光合作用。事实上，光合作用在地球生命的演进中出现得相对较晚。早期生命必须从岩石和泥土、水、大气之间的化学作用中获取能量。

（4）有机物。

毅力号火星车在耶泽罗陨石坑的沉积岩层中发现了高浓度的有机物，这使得寻找火星生命的任务又前进了一步。但是，有机分子是生命的基石，有机化合物和过去有机生命的其他潜在迹象，即所谓的生物印记，可以来自其他来源，它们本身并不能确定过去的火星生命。潜在的生物印记可能是由生命产生的，但也可能是在没有生命的情况下被激发的。

2

分析火星地表演化所需的样品

分析火星地表演化包括重建涉及水的地表和近地表演化过程的历史，评估表面演化过程的历史和意义，研究过去火星全球气候变化的规模、性质、时间和起源。重要的样品包括如下类型。

来自长期存在的湖泊沉积物

来自这种环境的样品应该包括碎屑和化学沉积物。样品量应该足够大，以保存原始环境沉积结构，并且必须采集和包装以保存这种结构。为了评估沉积条件如何随时间变化以及沉积后发生了什么变化，需要从垂直剖面获得一套样品。对样品的定位，即使不能严格限定其绝对年龄，也应严格限定其地层年龄。

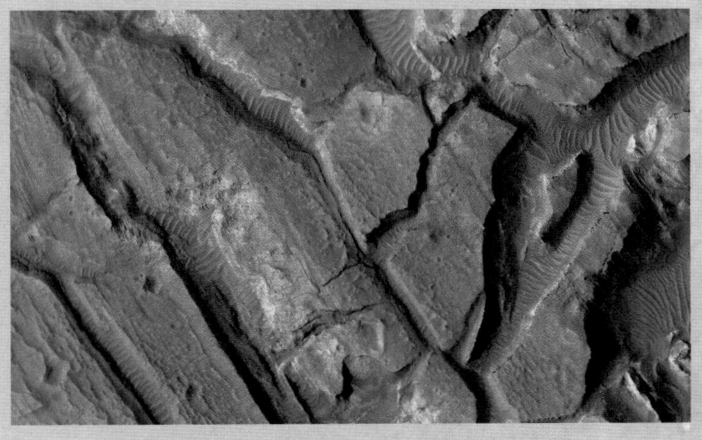

阿拉伯台地陨石坑中的古湖沉积物

热液矿床

热液矿床是指含矿热水溶液在一定的物理化学条件下，在各种有利的构造中形成的有用矿物堆积体。热液矿床的价值不仅在于它们与水的相关性，而且在于它们潜在的适宜生命生存的条件和保存有机遗迹的潜力。矿床是在曾经或现在的火山活跃地区（或受大型撞击事件影响的地区）根据原生或次生含水矿物的存在和强烈化学分馏的迹象确定的。单个样品不需要很大，但由于热液环境中可能存在强烈的化学和物理梯度，因此非常需要多个样品；地层年龄是次要的。

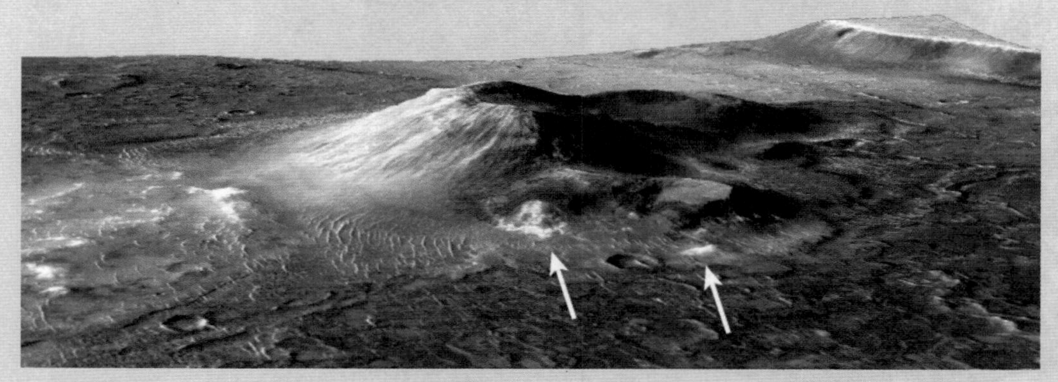

热液矿床

箭头指示处为火星上两个最大的热液矿床。

河流沉积

河流搬运物中的部分细碎屑物质，在搬运入湖海以后，通过海水、湖水的作用发生的沉淀称为河流沉积。河流沉积对于研究水作用的历史很有意义，因为沉积结构表明了切割河道和山谷的河流体系的性质。火星上有两大类河流特征：① 分支山谷，主要在西方纪；② 大洪水，主要在赫斯珀里亚分支谷。这两大类特征将是样品返回的主要关注点。样品应包括碎屑和化学沉积物。样品应足够大，以保存沉积构造，在采集和储存中也要保存好这种构造，并需要从不同地层位置收集一套样品，以便评估河流形态随时间的变化。

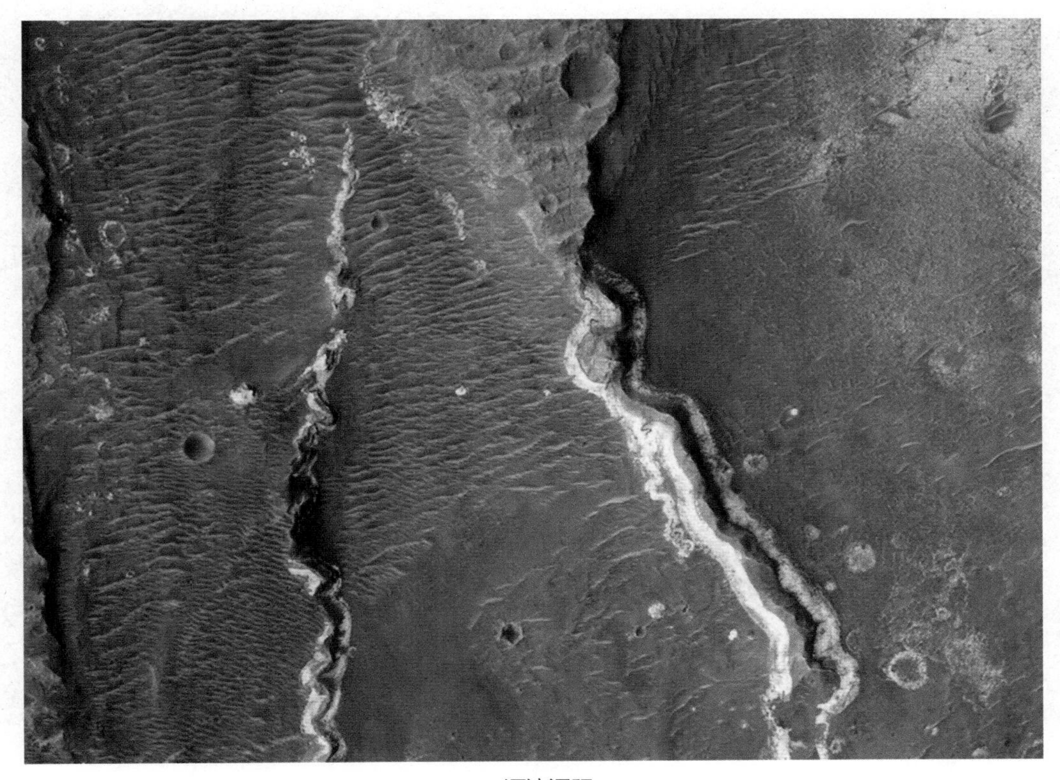

河流沉积

低温变质产物

在诺亚纪地体中广泛存在的含水矿物和山谷网络，表明当时至少有间断性的温暖潮湿条件。一个主要的问题是：温暖的条件是短暂存在的，例如可能是由大的冲击引起的，还是由于降水、径流与蒸发处于准平衡状态，从而使温暖的条件长期持续存在？对古代岩化土壤剖面的取样可能会揭示哪种模式最有可能。科学家的主要兴趣是土壤剖面上的化学和矿物变化。样品不需要很大，但非常希望有多个样品。

含有大量水矿物质的赫柏斯深谷

来自大型诺亚纪陨石坑或盆地的冲击角砾岩

角砾岩是不同类型岩石的角状碎片的混合物。冲击角砾岩是指受到强冲击而气化、熔融并包裹不同类型碎块的岩石。一套冲击角砾岩样品将是非常需要的，但不是必要的。单个样品中岩心部分可能相对较小，但可能仍包含大量角砾岩碎屑，这取决于碎屑的大小。

火星夏普山（位于盖尔陨石坑）的角砾岩

风化层

我们将风化层定义为覆盖在连贯的基岩上的，任何来源的，破碎的、松散的、不连贯的岩石材料的整个层面。火星风化层即指火星土壤。多个样品可以更好地代表多样性的范围，但即使是单一的普通风化层样品也可以在这一目标上取得很大进展。

未来的科学团队需要采集多少风化层样品，取决于科学团队设定的科学目标。

▬ 火星风化层

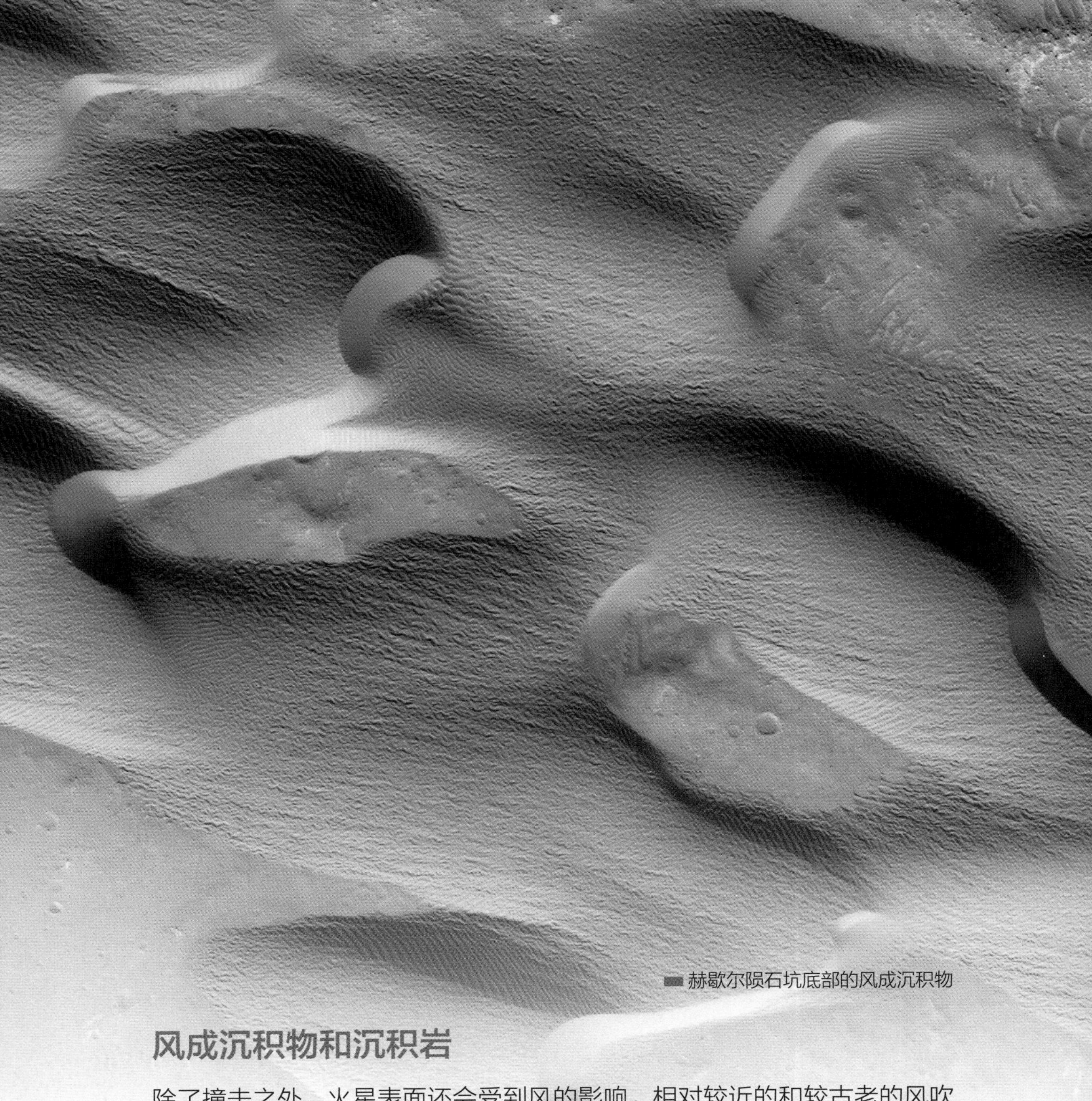

■ 赫歇尔陨石坑底部的风成沉积物

风成沉积物和沉积岩

除了撞击之外，火星表面还会受到风的影响。相对较近的和较古老的风吹沉积物样品将为火星地质时期的风成过程提供重要的研究基础，而这是无法从遥感或原位观测中获得的。

一套风成沉积物样品是非常需要的。通过遥感或先前的地表勘探，任何确定为在风成环境中沉积的沉积岩都足以作为古风成沉积岩样品。相对较新的风成沉积物是如此普遍，以至于它们在火星上任何可以访问的地点都能找到。

3 探索火星全球演化与大气所需的样品

这项研究目标包括定量地研究火星的年龄、吸积背景和过程、早期分异和岩浆磁学史；研究火星大气的起源和演化，解释所有惰性物质元素和同位素组成。

火成岩样品应尽可能未被改变和风化，以保存结晶过程中形成的火成岩结构和元素分布，这些方面的保存状况比样品成分或年龄多样性等其他属性更重要。现场抽样比随机抽样更为有效。来自漂浮物的样品可能与当地露头或火山喷口（如火山碎屑物质）有关，这比其他可能被撞击活动带了一段距离的岩石（因此也更有可能看到高冲击效应）更受科学家欢迎。样品的定位应严格限制其地层年龄，以便一旦在地球上确定其绝对年龄，就可以确定其获取的地层层序。年龄多样性不如获得具有已知地层背景的未改变或未风化的样品重要。

为了实现这一目标，可优先考虑以下样品类型。

古老的火成岩

火成岩又称岩浆岩，是由岩浆喷出地表或侵入地壳冷却凝固所形成的岩石，有明显的矿物晶体颗粒或气孔。岩浆是在地壳深处或上地幔产生的高温炽热、黏稠、含有挥发成分的硅酸盐熔融体，是形成各种岩浆岩和岩浆矿床的母体。

对火星陨石的研究表明，火星上的硅酸盐分化发生在 45.1 亿年前。因此，早期诺亚纪火成岩更适合这个研究目的，并且在火星陨石中也没有诺亚纪晚期到早期西方纪的样品。

耶泽罗陨石坑内的火成岩

年轻的火山岩

火山岩又称喷出岩，属于火成岩的一类，由岩浆经火山口喷出到地表后冷凝而成。当岩浆沿裂隙喷发时，火山岩形态一般与地表形态比较协调，呈被状或层状。

红外光谱观测表明，火星上可能存在不同成分的火山喷发。如果能采集

■ 火山岩

到年轻的火山岩样品，将对火星火山喷发过程的范围以及全火星范围内地幔来源的多样性提供重要的支持。

大气样品

了解火星大气的演变对于解释火星早期历史中液态水在火星表面的出现是至关重要的，而这反过来又会影响关于火星是否适宜生命生存的结论。来自火星表面特征的证据表明，在诺亚纪末期，持续存在的地表液态水基本上已经消失，导致了今天在火星上观察到的干燥和低压环境。火星大气的形成、演化和损失的模型大部分是基于稀有气体的同位素组成构建的。目前可用的一些大气成分的数据来自海盗号登陆器的现场分析，但氖、氪和氙的同位素组成完全来自对火星陨石的分析，特别是 EETA79001[1]。由于火星陨石数据和轨道测量的限制，稀有气体的分析将是样品返回后的主要研究任务。

---

[1] EETA79001 为发现于南极的一颗火星陨石。

4 为载人探测火星作准备所需的样品

载人探测火星研究主题涉及评估对未来载人探测火星的潜在环境危害和关键火星资源。

落 尘

落尘（airfall dust）是火星表面分布最广泛的尘埃类型之一。它或多或少地存在于火星上几乎每个区域，可以通过从局部沙尘暴到全球沙尘暴等各种机制被抬升、注入大气，并在局部、区域或全球范围内运输。人类探险家到火星上任何地方都会暴露在这种尘埃中。它可能对人类探险家是有害的，还可以通过机械或静电作用对设备造成危害。勇气号和机遇号的探索实践表明，在它们各自的穿越路径上都有足够大小和厚度的纯落尘块。勇气号穿越火星时，自然沉积物更为常见，因为它位于火星落尘较多的地方。由于火星落尘在全球范围内循环，从任何一个地方返回的样品都足以代表所有火星落尘。

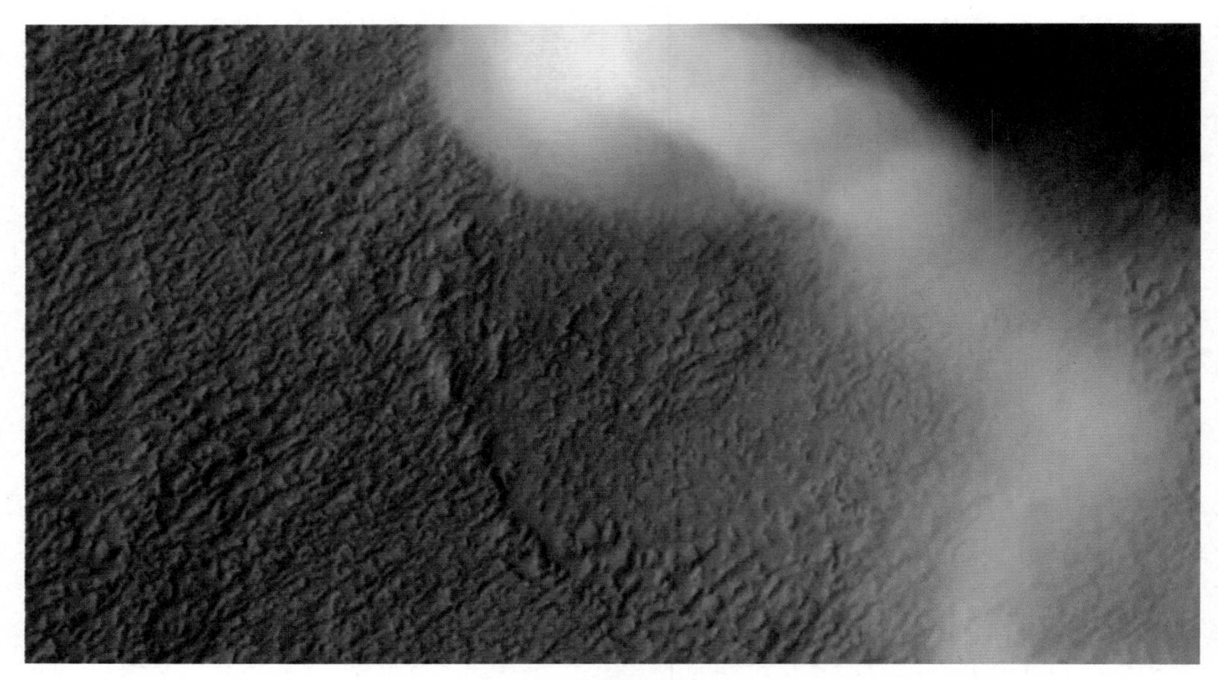

■ 20 千米高的火星沙尘

表层土壤

以前的着陆器和火星车任务都对火星表面土壤进行了分析。海盗号和凤凰号的研究结果表明，这些土壤样品中含有一种强氧化剂，可以迅速破坏有机物质。这种化学成分，加上极端的温度、干燥和辐射，使火星表面的环境对生命生存极其不利。但是，对返回的表层土壤样品进行分析将更确切地确定这种广泛存在的物质的化学和矿物成分，以及潜在的生物危害。

浅层地下土壤

人们需要测试火星风化层的生物危害，要达到未来人类任务预期的干扰深度。然而，目前还不清楚这个深度应该是多少。火星探索漫游者[1]对火星的最大干扰深度大约是车轮的直径。考虑到载人探测车要重得多，干扰的深度可能会更大（可能会深达 50 厘米）。人类脚印的深度不过几厘米。如果人类的任务包括采矿、修路或其他一些“移动火星”的操作，深度可能达到几米。在确定土壤样品的采集深度时，可以考虑这些因素。

含水量高的水合矿物

在火星上已经发现了十多种不同的含水矿物，许多矿物都是在同一地点发现的，它们主要出现在 40 多亿年前最古老的地形中，这表明火星在其生命的最初数亿年里可能有地表和地下液态水为生命生存提供了有利的条件。

火星上的水合矿物分布图

---

❶ 火星探索漫游者（Mars Exploration Rover，MER）是 NASA 的 2003 年火星探测计划。这项计划的主要目的是将勇气号和机遇号两辆火星车送往火星，对火星进行实地考察。

第四章

样品的采集与处理

1 从场地采集样品

选取火星样品的原则确定后，接着还要做许多具体的工作。偌大的火星，到哪里去寻找满足科学目标的样品？虽然选定了着陆点，但着陆区域通常很大，如毅力号火星车着陆点——耶泽罗陨石坑，直径约45.0 千米。这个陨石坑被认为曾经被水淹没过，其中有一个富含黏土沉积物的扇形三角洲。在火星上的山谷网络形成时，陨石坑中的湖泊就存在了。耶泽罗陨石坑面积大，地质结构复杂，如果不对其做全面的了解，是无法选择样品的。对于取样返回来说，要获得最多的信息，至关重要的是要收集样品，以便充分地了解火星地质背景。这方面的情况可以从着陆前通过轨道器获得的数据中加以分析，但许多细节只有在收集地点及其周围进行实地研究后才能了解。

下图是毅力号火星车拍摄的一张火星照片，为了突出矿物质，已经添加了颜色。绿色代表一种叫作碳酸盐的矿物质，在地球上，这种矿物质特别有利于保存生命化石；红色代表从含碳酸盐的岩石中侵蚀出的橄榄砂。

■ 毅力号火星车着陆区

耶泽罗陨石坑富含多种矿物。

早取晚换

在解决涉及野外工作和基于样品的实验室研究的地质问题时，通常存在一种矛盾关系，即在遇到有潜在价值的样品时收集它们，或在开始收集样品之前等待更好地了解地质情况。原则上，理想的做法是先完成所有的地质测绘，然后利用这些信息来决定哪些样品是更重要的。然而，实地研究很少以这种方式进行，因为再次回到原地点取样效率极低。因此，通常在进行实地调查时就同时收集样品。一些早期的样品将不可避免地比后来遇到的样品价值低（特别是随着后期对地质的了解更深入），在地球上解决这个问题的方法通常是将早期的、价值更低的样品从背包中扔掉，用后来收集的更有价值、更合适的样品取而代之。

在火星上，由于漫游车的寿命和穿越能力有限，再次回到露头收集样品的效率低下，这是不可接受的。因此，在火星上建立“随你去”的收藏方式比在地球上更重要。因此，如上所述，为了支持有效的决策，交换样品的能力显得极其重要。估计 25% 的额外采样能力应该满足这一需求，也就是说，25% 的样品管可以替换为最终返回地球的套件中价值更高的样品。如果取样探测车有能力和在寿命期内将之前收集的至少 25% 的样品替换为后来收集的有更高价值的样品，那么收集的科学价值将显著提高。

岩石和土壤样品组合的重要性

虽然单个的、不相关的样品可以提供有用的数据，但是大多数岩石记录了多种地质作用的影响，这些影响只能通过研究多个样品来揭示。单个样品就好比单张“照片”，它们不提供关于时间和空间变化的信息。这种单一的数据样品通常不知道它们在时间演变和环境变化中的位置，它们在识别地质和环境背景方面提供的帮助有限。通过对露头和其他地形的一系列样品的分析，破译地层记录中留下的深刻的地质变化是至关重要的。因此，有必要收集由一系列相互关联的样品组成的套件，以便构建行星环境随时间演变的过程。

围绕一个或多个样品套件组织样品集合，利用关键的地质关系，最大限度地发挥其回答科学问题的潜力，是极为重要的。

岩石和土壤样品组合

2

所需样品的优先级与检测型

岩石样品的综合优先级

（1）类别 1A：水下沉积物或热液沉积物。

这些样品目标类型被评为搜索生命的最高优先级，因为它们具有最大的保存生物特征的潜力。此外，水下和热液沉积矿床具有最大的潜力提供沉积环境、适宜生命生存性和保存潜力的背景信息，它们被评为同等优先级，主要是为了确保捕捉到可以容纳广泛生命模式的多个环境的样品，这不仅包括对水下形成的可能保存地表生命的沉积地层的关注，还包括对基于化学自养原则形成生命的区域（如热液喷口、温泉）的关注。

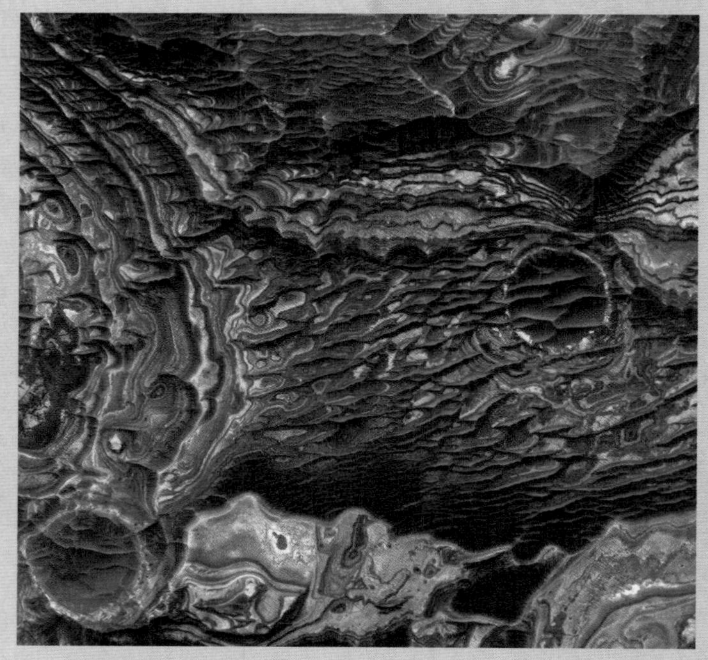

火星上带有酸性水线索的明亮层状沉积物

好奇号在火星上发现的古老河床的证据

（2）类别 1B：热液和低温流体蚀变岩。

与 1A 类样品一样，这些流体蚀变岩石与目标 A1、C1、C2 有关，与目标 B2 也有少量关系。1A 类样品比 1B 类样品具有更高的优先级，这是因为 1A 类样品在保存生物和化学特征以及保存时间、古环境序列和生命背景等信息方面具有更高的潜力。此外，来自沉积记录的样品套件对目标 C1 和 C2 更有用，因为良好的时间背景具有附加价值。

（3）类别 2：火成岩。

第二类样品——新鲜的火成岩，优先级次高，对于确定年代和了解行星内部的演化非常重要。这种样品类型需要实现目标 C1。与第一类样品相比，与水相关的过程对样品的改变越少越好。我们强烈希望样品不受冲击影响，因此应该就地取样。

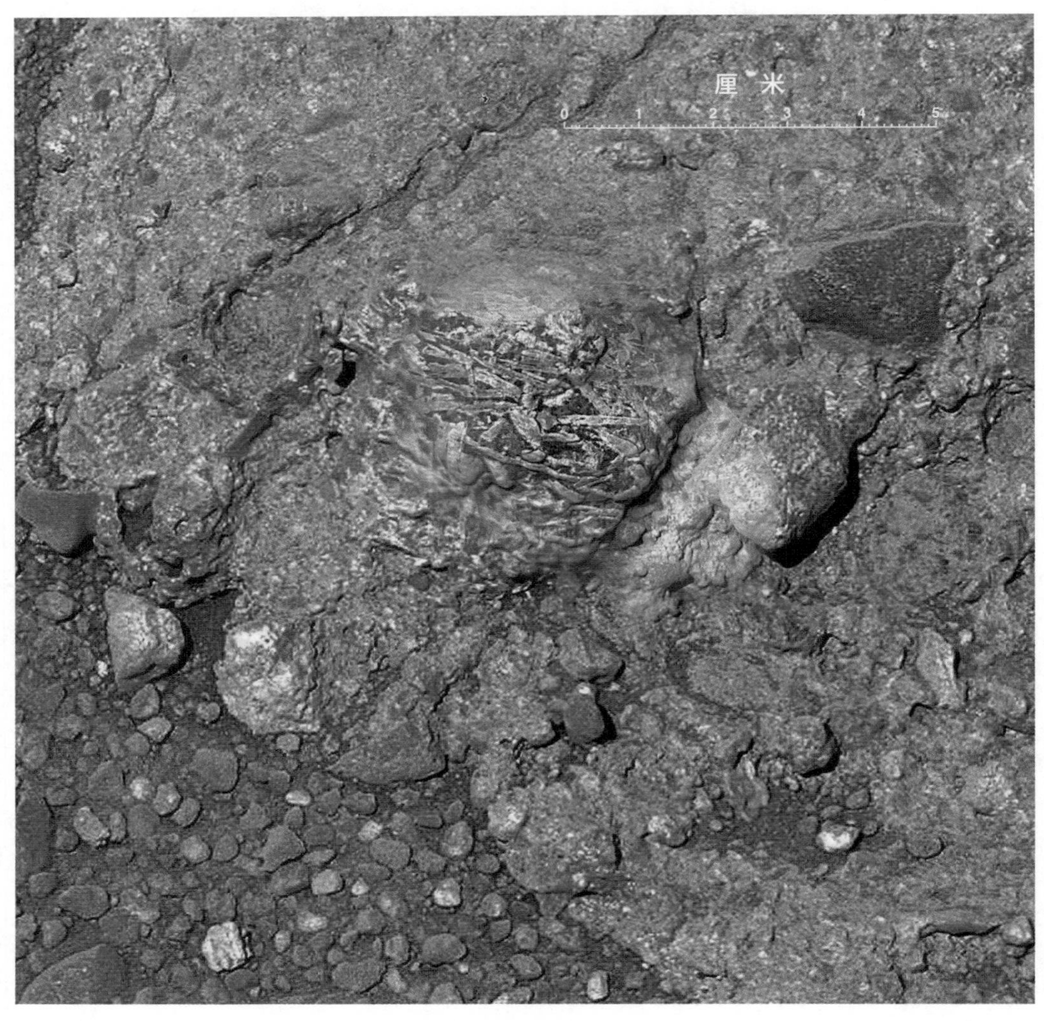

■ 火星岩石

好奇号火星车拍摄到的岩石非常类似于地球上的花岗岩。

（4）类别 3：表层样品。

表层样品对于了解火星表面物质可能对人类勘探造成的危害（目标 D1）至关重要。风化层样品对于深入了解火星地表、大气的相互作用以及与空间环境的相互作用也具有科学意义。如果风化层样品中含有能够提高返回样品多样性的外来岩石碎片，那么它们对目标 A1、B1、B2、C1 和 C2 可能有很大的价值。

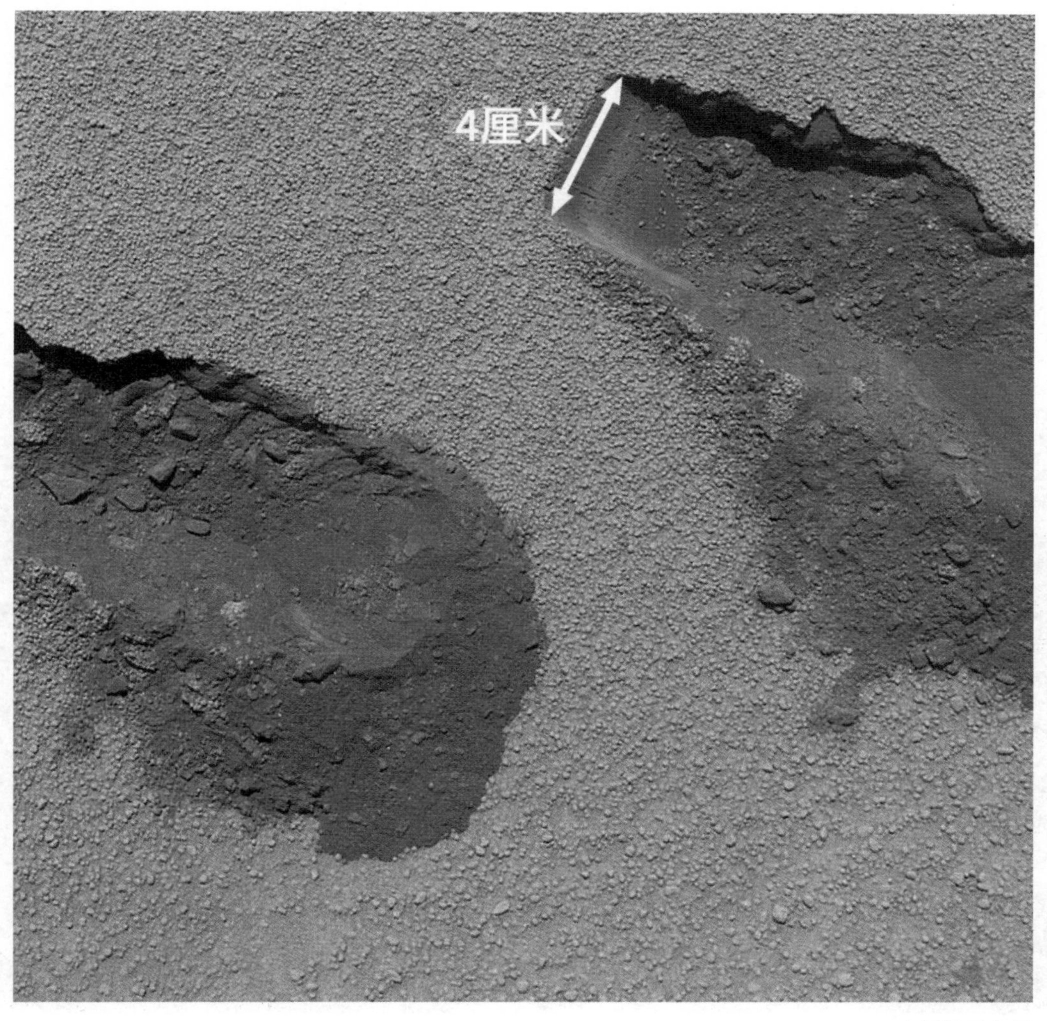

火星的风化层

地下岩石样品的科学价值

从约 2 米的深度采集一个或多个样品是非常有价值的。模型显示，至少在火星历史上的一段时间里，火星表面以下的岩石会受到覆盖岩石、风化层的保护，从而避免银河宇宙射线的伤害。撞击事件或火星土壤中被喷出物掩埋的有机物也同样避免了太阳紫外线的伤害。因此，有机物质在地下物质中保存的可能性比在地表样品中要大得多。另外，紫外线使 Fe^{2+} 氧化为 Fe^{3+} 的现象在地下不那么普遍。此外，由于地下岩石不受银河宇宙射线的影响，任何流体包裹体都可能具有保存较好的惰性气体同位素。因此，地下火成岩流体、熔融包裹体可以提供火星历史的信息，沉积或水蚀变岩石中的流体包裹体可以提供火星水历史的线索。

火星古代湖底的岩石

岩石样品的数量

在任何地质研究中，确定所需的样品数量总是一个难题——根据问题的不同，样品数量可以取单个样品（如火成岩的内部等时线）和数百甚至数千个样品（如高分辨率的气候变化记录）之间的任何数值。为了实现火星取样返回的科学目标，并符合采样优先级，岩石样品的恰当数量是多少？

勇气号火星车在古谢夫陨石坑目标丰富的环境中工作了 7 年多，现场检查了 75 块岩石。在这段漫长的时间里，火星车进行了一系列活动，持续时间从几周到几个月不等，这些活动反过来为火星取样返回可能需要的样品数量提供了一些指导。

通过分析可知，30 ~ 35 个混合岩石和土壤样品就足以实现火星取样返回的主要科学目标，而获得这些样品可能需要火星上的一年或更短时间。

风化层样品的数量与类型

来自火星轨道器的数据表明，土壤（即风化层的精细成分）具有火星上任何地方都相似的某些属性，要么是由于全球分散的结果，要么是由于大致相同的形成过程。根据着陆点的性质和有限的取样能力，可能有多达 3 ~ 4 个样品可用于不同类型的调查，而且在任何情况下，至少要采集一个风化层样品。

气体样品的数量与类型

最重要的是至少有一个足够大的大气样品。如果有可能，则采集第二个气体样品。如果采集两个大气样品，一个应在最低大气压力下采集，另一个应在最高大气压力下采集。取样时应测量大气温度和压力，气体容器应保持气密（超高真空质量）密封。

火成岩流体包裹体中的稀有气体（特别是放射性同位素）以及其他挥发物（如水、二氧化碳、氮气）可以揭示火星内部的岩浆挥发物含量，并检验从火星陨石研究中得出的假定含量。因此，对这些气体的分析将有助于评估行星的排气效率，这反过来又对火星大气的形成和演化产生影响。

由于缺少磁场、大气层稀薄、侵蚀和地壳循环率低，在火星历史的大部分时间里，许多表面岩石或多或少地持续暴露在银河宇宙射线下。因此，除了“新鲜”的陨石坑挖掘，火星地面岩石中的轻惰性气体（氦、氖、氩）含量可能完全被掩盖，重惰性气体（氪、氙）严重改变。为了进行比较，必须对 Nakhla 陨石[1]中的轻氙同位素进行 90% 的校正。

[1] Nakhla 陨石是 1911 年坠落在埃及的火星陨石，这是第一块表明火星上存在水过程迹象的陨石。

3 对返回样品的初步处理

要实现火星取样返回的科学目标，一般需要三种类型的样品：岩石样品、风化层样品、一个或多个大气气体样品。

根据处理阿波罗号、月球号、星尘号和隼鸟号返回的地外样品所获得的经验，对从火星返回的岩石和风化层样品的处理主要包括两个过程：初审、行星保护评估。同时应满足重复分析以及为未来研究预留样品的要求。

初步审查

这一阶段分析的目的是通过非侵入性和非破坏性技术确定每个返回样品的外部和内部特征。建议初步评估使用计算机辅助层析成像（CAT）扫描，其优点是可以在标本被保存在返回的样品胶囊中时对其进行扫描，缺点是一些 CAT 扫描仪具有很强的磁场，会部分重磁化样品，因此需要小心避免这种潜在问题。

行星保护

这一阶段分析的目的是确定样品中是否有现存生命的迹象，并在将样品材料提供给研究团体之前评估其任何其他生物危害潜力。

重复分析要求

科学方法的一个基本原则是，测量和其他结果需要是可重复的，包括不同的研究人员，如果可能的话，可以使用不同的方法。这是科学发现被证实的主要手段。一个实验室的结果不能在另一个实验室重现就会变得可疑。在火星取样返回中，我们对重大发现有很高的期望，所以采集足够的样品来证明结果是可重复的是非常重要的。

为未来研究预留样品

为后代保存材料是非常重要的。通过这种方式，样品被保存下来供未来科学家采用更先进的技术方法进行分析。在阿波罗飞船离开月球 40 多年后，对阿波罗飞船返回样品的研究依然有新的成果出现，表明了这一政策的重要性。隼鸟号团队已指定 45% 的样品被保留。星尘号团队已指定 50% 的彗星样品被保留。

第五章

取样着陆点的选择

1 建立参考着陆地点集

能否实现火星取样返回所确定的科学目标，取决于着陆点是否合适，以及火星车是否能够获取和采集到最有用的样品。必须根据轨道器所获得的火星全球数据，确定潜在可行的候选着陆点，使这些候选的着陆点既能满足科学目标，又适合着陆。首先要做的工作是生成一个参考着陆点集，包括数个参考着陆点，以及每个参考着陆点有可能实现的科学目标。

确定参考着陆点工作的基础是要有高空间分辨率和光谱分辨率数据，根据这些数据，可以判定待选地点的科学价值。从工程方面要考核火星车着陆的安全性、采集样品的可行性，以及飞船返回的安全性和方便性。也就是说，要从科学价值和工程两方面综合进行评估。

2 ExoMars 2020 的参考着陆点

ExoMars 2020（Exobiology on Mars 2020）是一个由欧洲航天局和美国国家航空航天局共同设计的非载人火星探测任务。ExoMars 2020 主要的科学任务是：寻找火星生命在过去或现在遗留的生物标记；确定火星表面下浅层的水和化学分布模式；研究火星环境以研判未来载人火星任务的危险性；调查火星表面下较深处，以更加了解火星的演化和生命生存适宜性；逐步实现将火星样品取回的任务。2020 年 3 月，欧洲航天局宣布 ExoMars 2020 探测任务延期。

2014 年 10 月，着陆点选择工作组选择了 4 个地点：阿拉姆山脊（Aram Dorsum）、叙帕尼斯峡谷群（Hypanis Valles）、茅尔斯峡谷（Mawrth Vallis）和奥克夏高原（Oxia Planum）。

阿拉姆山脊

阿拉姆山脊位于诺亚纪中期的平原上，大约有 40 亿年的历史，该地区在两个水期之间被侵蚀过。它由长 80 千米、宽 1.2 千米的突出倒置河道脊穿过的层状沉积岩组成。

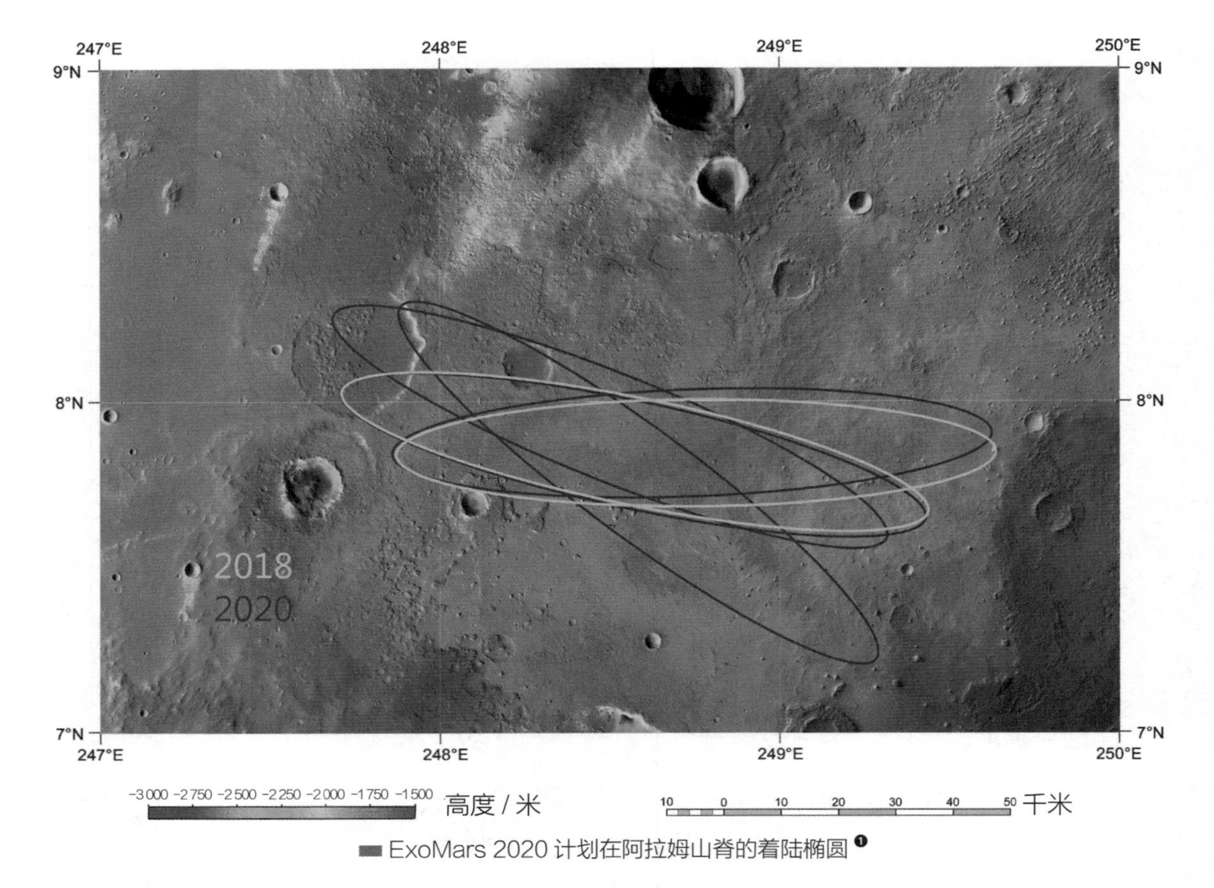

ExoMars 2020 计划在阿拉姆山脊的着陆椭圆[1]

ExoMars 2020 在阿拉姆山脊的着陆椭圆为长轴 104 千米，短轴 19 千米。

阿拉姆山脊没有明显的排水网络，目前尚不清楚源头区域是否代表以前的湖泊，或者流域盆地是否已被掩埋或已被侵蚀移除。

阿拉姆山脊总起伏很小，变化小于 70 米。着陆椭圆内的地层包括约 100 米高的厚残余台地。着陆椭圆的大部分被从倒置通道两侧延伸的多边形断裂地形覆盖，这被认为是由边缘洪泛平原沉积物或冲积沉积物组成。

可用数据没有显示此区域有水合矿物质存在的明确证据，尽管它们可能被灰尘所掩盖。一些多光谱数据表明在着陆椭圆内零星出现了页硅酸盐（化学改变的黏土矿物）。

---

[1] 着陆椭圆指，着陆器受到进入火星大气的角度以及下行途中经历的不可预测摇摆的影响，可能降落到的更为广泛的区域。

阿拉姆山脊是平顶的，是一个冲积系统，而现有的山脊曾经是一个位于广阔洪泛平原的大型河道带，其中许多部分仍被保留了下来。较小的古河道带进入主系统，它们的存在和网格模式表明这里曾存在分布式水源。冲积层厚达60米，表明其形成时间类似地球上的冲积层。阿拉姆山脊形成于诺亚纪中期，是火星上最古老的河流系统之一，它指示了在火星早期持续地表河流流动的气候条件。

这里几乎没有地形障碍或陡坡，可以确保无论确切的着陆位置在哪，探测器都可以随时到达具有科学意义的地点。

阿拉姆山脊区域细节

叙帕尼斯峡谷群

叙帕尼斯峡谷群位于火星北纬 11.9°，东经 314°，是位于火星西部的墨戈峡谷群（Maja Valles）和东部的沙尔巴塔纳峡谷（Shalbatana Vallis）两个大型外流河道之间的几个山谷之一。这些山谷深深地切入大约 40 亿年前形成的古代诺亚高原，宽度大致恒定，支流也很少，它们呈现了圆形剧场形状的山谷头。

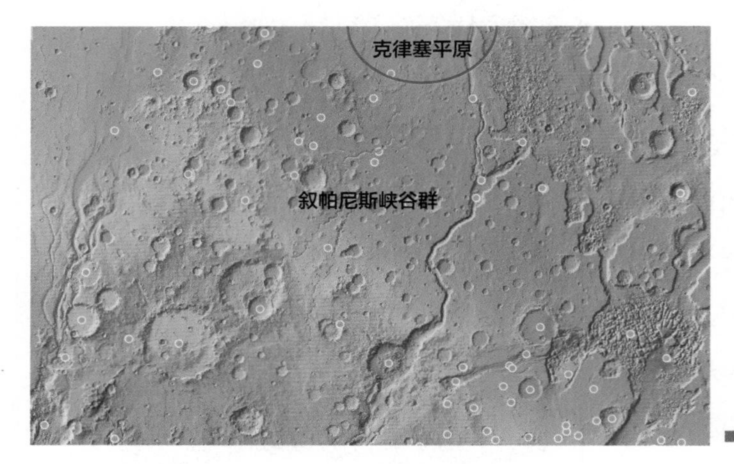

叙帕尼斯峡谷群

这些山谷被认为是由于地下水渗漏或地表径流而形成的。几个山谷，包括叙帕尼斯峡谷群，在其终点处有扇形沉积物。这些河流沉积物被解释为在湖泊中形成的三角洲的残余物。它们的特点是边缘有明显的分层，提供通往各种沉积层的通道。

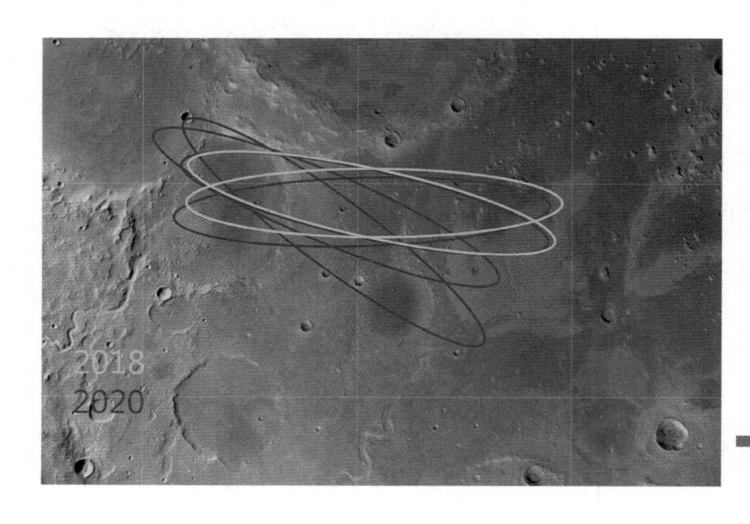

ExoMars 2020 计划在叙帕尼斯峡谷群的着陆椭圆

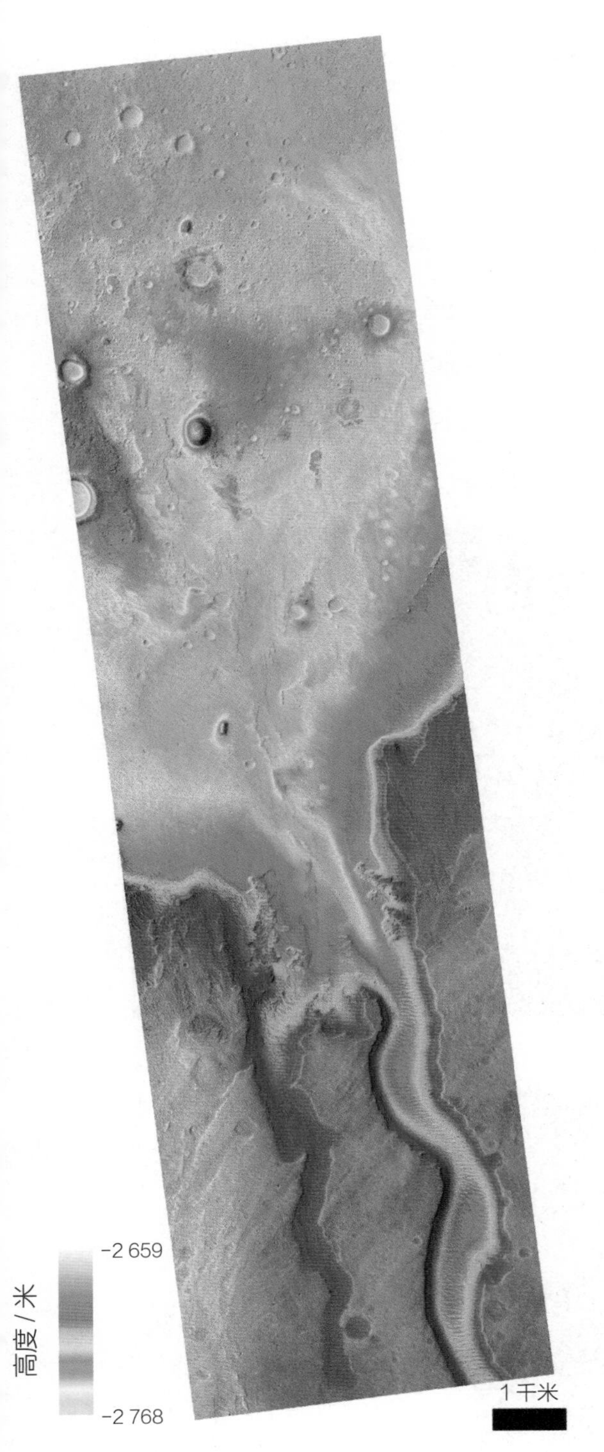

■ 叙帕尼斯峡谷群区域细节

到目前为止，尚未在长轴为 104 千米、短轴为 19 千米的着陆椭圆内发现经过化学改变的矿物。然而，在附近的露头中发现了水合矿物。该地区还发掘出了早期西方纪（34.5 亿年前）沉积岩的通道。

着陆椭圆并不直接位于扇形沉积物上，而是位于可能沉积了非常细小的粒状物质的区域。扇形沉积物似乎最多在过去 8 亿年中暴露出来，由于沙丘活动或其他风成（风吹）沉积作用，较小的陨石坑消失了。

该着陆点具有承载微生物和保存其生物印记的巨大潜力。如果该地区出现过生命，那么可以在细粒沉积物中找到它的踪迹，这些沉积物源自南部陨石坑高地侵蚀的物质。

更细的颗粒会被带到北方，也就是拟定的着陆点所在的位置。如果沉积物是在静止的水体中形成的，那么这个水环境就可以直接居住，并且可以在沉积物暴露的地层中记录生命的痕迹。

这种沉积物质位于克律塞平原边缘，这表明三角洲可能是在火星北部巨大的低地盆地中存在的大片水域中形成的。因此，对这些沉积物的调查也将检验火星曾经拥有北部海洋的假设。

即使这一区域没有出现生命，静止水体的寿命也足以让活细胞有足够的时间被运送到那里。可能存在以化石结构或有机遗骸形式存在的生物印记。这些生物印记的退化程度将取决于该地区被发掘的时间。

茅尔斯峡谷

茅尔斯峡谷地区（约北纬 22°，东经 342°）位于阿拉伯台地（Arabia Terra）与克律塞平原的低地交会处，是一个大型外流通道，它曾经将大量的水排放到北部平原。拟定的 ExoMars 2020 着陆点就位于该通道的南边。

茅尔斯峡谷周围的区域包含在火星上检测到的层状硅酸盐（由化学风化产生的黏土矿物）暴露量最大的区域之一。这些沉积物提供了一个独特的机会来评估

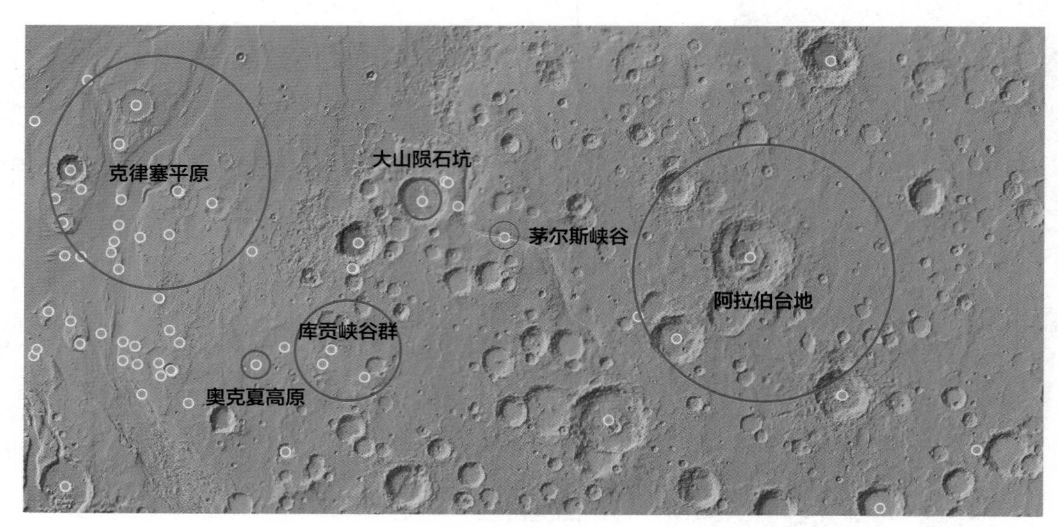

■ 茅尔斯峡谷

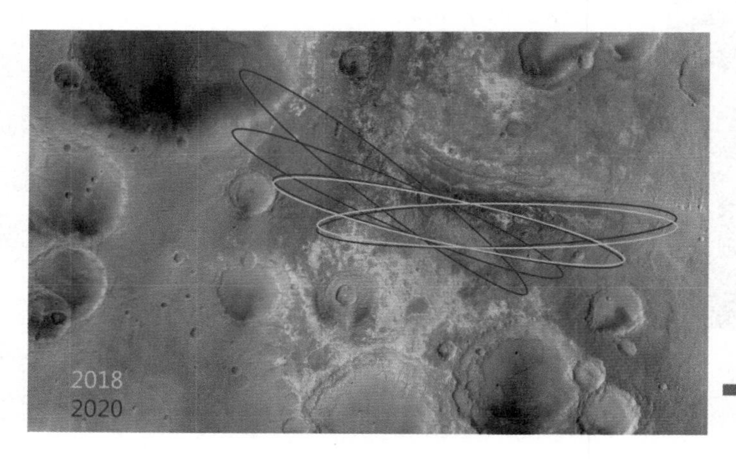

■ ExoMars 2020 在茅尔斯峡谷的着陆椭圆

早期火星上的水活动，研究表明在诺亚纪时期（41 亿到 37 亿年前）存在适宜生命生存的环境的可能性。该地区的其他矿床和露头显示出迄今为止在火星上发现的最高程度的矿物蚀变。茅尔斯峡谷的河道底部也有富含黏土的地层，附近的大山陨石坑（Oyama Crater）也是如此。这表明茅尔斯峡谷流出物被侵蚀成古老的、含黏土的层状沉积物。后来，较小规模的河流侵蚀了这种物质，尤其是在茅尔斯峡谷河道的两侧和大山陨石坑的壁上。

茅尔斯峡谷的大部分地区覆盖着一层薄薄的深色冰盖，厚度可达 10 米，它可能起源于火山。这种深色物质比页硅酸盐更年轻，似乎没有水合。它可能曾经覆盖了整个地区，但此后许多地方都被侵蚀了。

茅尔斯峡谷沉积物的适宜生命生存的潜力尚不清楚，但如果原始沉积物（可能是火山灰）沉积在一个或多个水体中，它们可能会承载并保存微生物的特征。然而，如果火山物质落在陆地上，它就不会直接适合生命生存。随后水对这些沉积物的改变可能会创造出适宜生命生存的环境，活细胞可能已经被运送到这些环境中。

茅尔斯峡谷区域细节

茅尔斯峡谷位置的较高纬度意味着 ExoMars 2020 任务的着陆椭圆比其他站点更大（其长轴为 170 千米，不是 104 千米，短轴为 19 千米）。一些地势较高、坡度较陡的地区存在潜在危险，灰尘覆盖率低，地表通常相当光滑。

奥克夏高原

奥克夏高原（北纬 18.20°，东经 335.45°）位于茅尔斯峡谷西南数百千米处，克律塞平原低地以东。该地区是古老的高地陨石坑地形，这些地形越来越受到高地—低地边界的侵蚀。

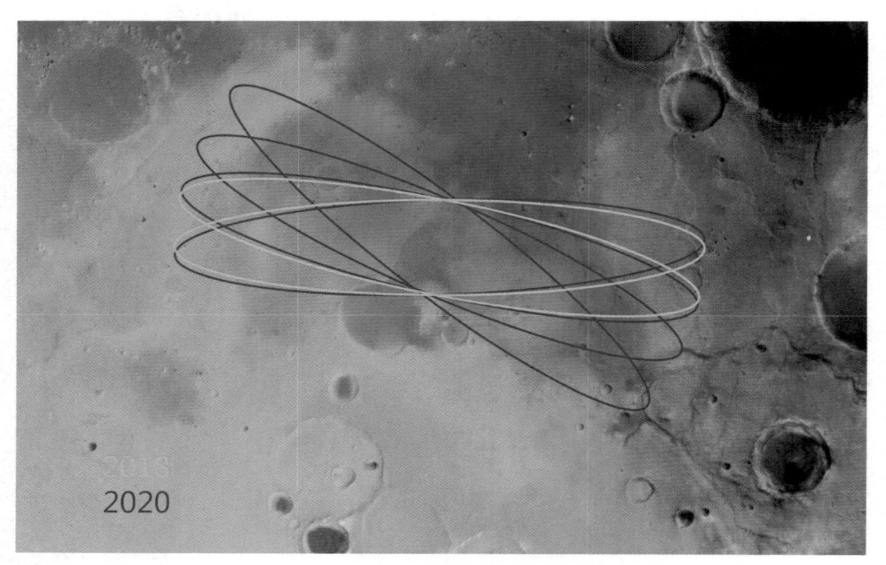

■ ExoMars 2020 计划在奥克夏高原的着陆椭圆

奥克夏高原着陆椭圆（长轴 104 千米，短轴 19 千米）比较平坦，几乎没有地形障碍或具有挑战性的斜坡。该区域的灰尘覆盖率很低，表面一般很光滑。

该地区几乎没有大型撞击坑，但各种流出通道在汇聚到奥克夏高原时切开了该地区。几个冲积扇或三角洲保存在山谷的出口处，通常延伸到 100 千米宽的盆地。

奥克夏高原的候选着陆点区域位于浅盆地内库贡峡谷群（Coogoon Valles）系统的出口处，该区域被认为是包括广泛的、分层的富含铁和镁页硅酸盐的区域。这些物质可能代表了茅尔斯峡谷周围富含黏土的矿床向西南扩张。直到 36 亿年前，火星古老的地壳才经历了强烈的侵蚀，而含层状硅酸盐的岩石最近才暴露出来。

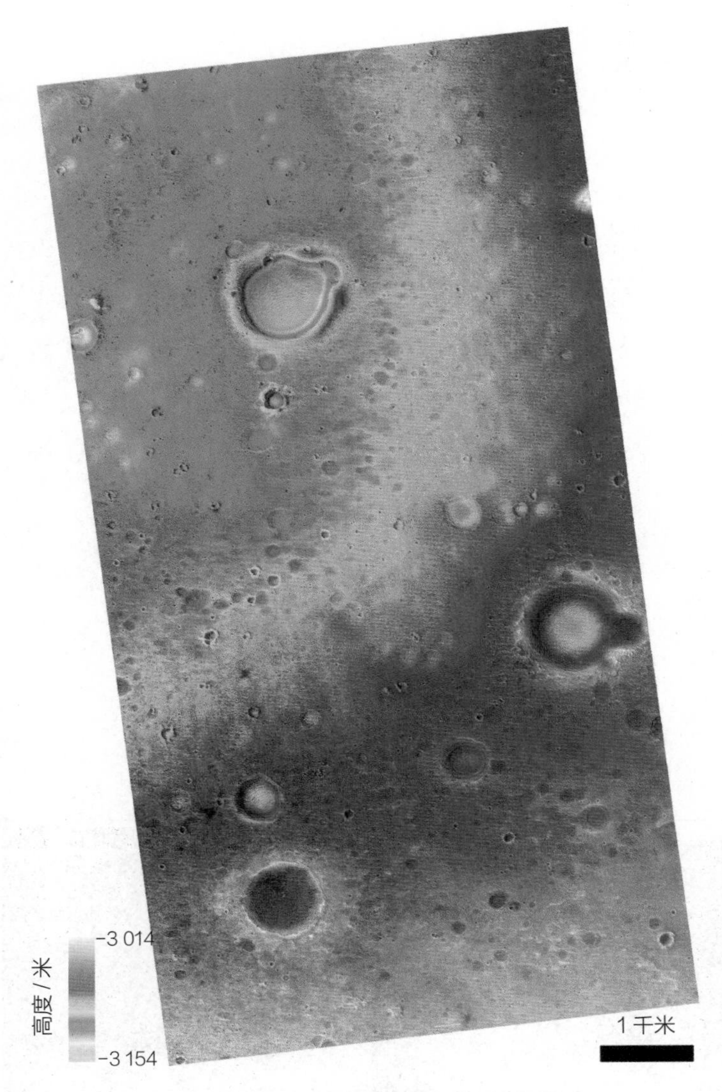

■ 奥克夏高原区域细节

与茅尔斯峡谷的情况一样，一种黑色的、可能是来自火山的物质覆盖在奥克夏高原富含黏土的单元之上，并且似乎只是最近才被侵蚀——在过去的 1 亿年内。没有证据表明含黏土矿床发生了热蚀变或变质蚀变。

着陆椭圆内部和周围有数百千米长的单一、蜿蜒的深谷。然而，这些山谷并不是发达网络的一部分，似乎是侵蚀或局部地表水流过程的结果。

奥克夏高原候选地点的东部包括一个 15 千米宽、21 千米长的扇形矿床遗迹。这个平坦的区域有许多发散的、手指状的末端，没有明显的通道，它可能代表一个古老的三角洲或一个冲积扇。

该地区生物印记保存的潜力与茅尔斯峡谷相似。古老、富含黏土的露头大概是在可能存在微生物的水相条件下形成的，而细粒沉积物可能保存了它们存在的证据。

与茅尔斯峡谷一样，奥克夏高原缺乏有关含黏土单元的地质背景和起源的准确信息。页硅酸盐沉积物被视为研究火星早期水活动和寻找火星历史早期环境是否适宜生命生存的关键证据。

3 毅力号的候选着陆点

为了给毅力号选择着陆点，上百位科学家和工程技术人员，经过 5 年多的时间，召开了 4 次专门的选址工作会，从最初的上百个可能有价值的地点开始分析研究，经过层层筛选，最终耶泽罗陨石坑（Jezero Crater）胜出！

以下介绍除耶泽罗陨石坑和茅尔斯峡谷以外的 6 个候选点。

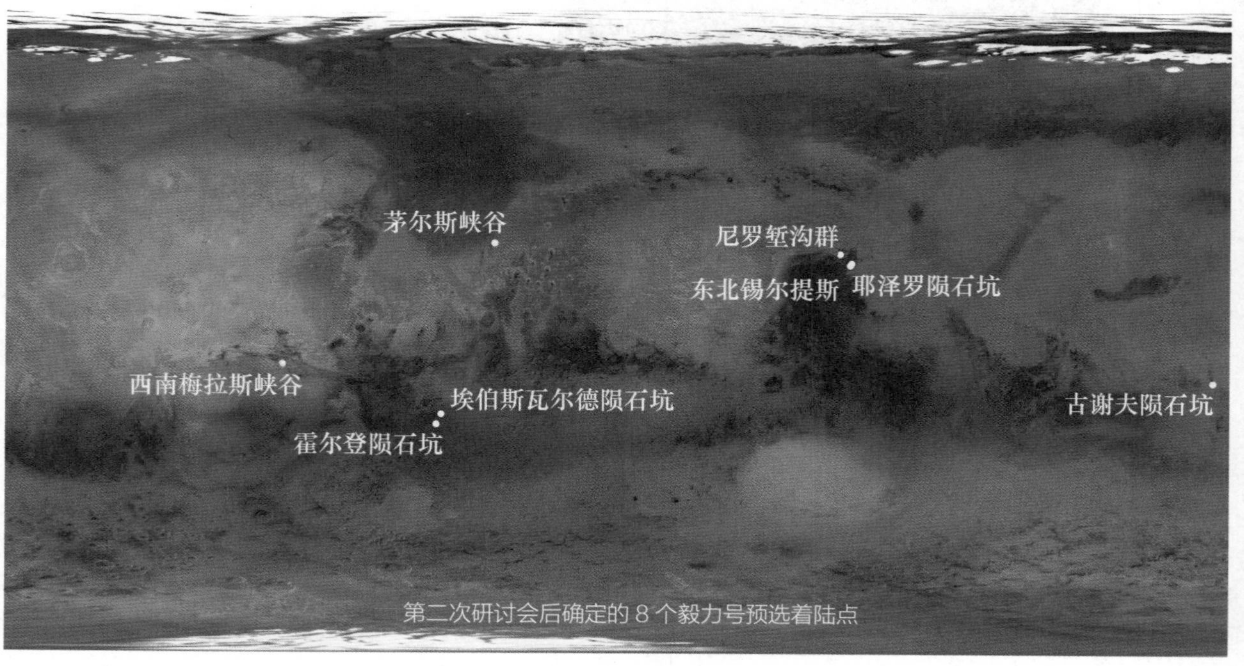

第二次研讨会后确定的 8 个毅力号预选着陆点

古谢夫陨石坑

古谢夫陨石坑（Gusev Crater）是 40 亿年前到 3.5 亿年前由一颗小行星撞击形成的。许多较小的陨石坑点缀在它的底部，最大的是锡拉陨石坑（Thira Crater），宽 23 千米；马阿迪姆峡谷（Ma'adim Vallis）突破了古谢夫陨石坑的南壁；阿波利纳里斯山（Apollinaris Mons）是一座大火山，位于古谢夫陨石坑以北约 160 千米处。2004 年 1 月，勇气号火星车降落在古谢夫陨石坑。

■ 古谢夫陨石坑

尽管缺乏证据表明古谢夫陨石坑存在古湖泊，但古谢夫陨石坑已经被证明具有丰富的矿物学特征，这使它被选择为勇气号的着陆点。在古谢夫陨石坑中心的哥伦比亚山脉内，勇气号发现了近乎纯蛋白石（二氧化硅）的土壤和露头，这是热液过程的明确表现，完全符合温泉或间歇泉的起源。已鉴定出含有高达 34% 镁铁碳酸盐含量的露头，这可能是热液过程的另一种表现。富含硫酸盐的土壤是水作用的另一个标志。

勇气号发现古谢夫陨石坑内的岩石是一种玄武岩。它们含有矿物斜长石、橄榄石、辉石和磁铁矿，这些岩石看起来像带有不规则孔洞的细粒玄武岩（地质学家会说它们有囊泡和孔洞）。

有证据表明，岩石被微量的水轻微改变过。岩石内部的涂层和裂缝表明存在水沉积矿物，可能是溴化合物。所有的岩石都覆盖着一层薄薄的灰尘，一种可以刷掉，而另一种则需要用岩石磨损工具磨掉。

古谢夫陨石坑的尘埃与地球地表周围的尘埃相同。研究发现这里所有的尘埃都具有磁性。此外，勇气号发现磁性是由矿物磁

古谢夫陨石坑内的哥伦比亚山

铁矿，特别是含有钛元素的磁铁矿产生的。一块磁铁能够完全转移所有尘埃，因此所有火星尘埃都被认为是有磁性的。尘埃的光谱与轨道卫星探测到的明亮、低热惯性区域（如塔尔西斯和阿拉伯台地）的光谱相似。一层薄薄的灰尘覆盖了所有表面，其厚度可能不到 1 毫米。

古谢夫陨石坑显示出它曾经含有大量液态水的证据。一条通道进入陨石坑的南部，这被称为马阿迪姆峡谷，几乎可以肯定这是向这里供水的一种方式。

哥伦比亚山是古谢夫陨石坑内的一系列低矮山丘。2004 年，勇气号火星车在陨石坑内着陆时观察到了它们。美国国家航空航天局迅速给它们起了一系列非官方的名字，因为它们是附近最引人注目的。山丘距离火星车最初的着陆点约 3 千米。为了纪念在哥伦比亚号航天飞机遇难事件中牺牲的 7 名航天员，2004 年 2 月 2 日，哥伦比亚山的各个山峰以这 7 名航天员命名。勇气号花了几年时间探索哥伦比亚山，直到它在 2011 年停止运行。

借助勇气号火星车，科学家们在哥伦比亚山发现了多种岩石类型，并将它们分为 6 个不同的类别，它们的化学成分明显不同。最重要的是，哥伦比亚山的所有岩石都因含水流体而发生不同程度的变化。它们富含磷、硫、氯和溴元素——所有这些元素都可以在水溶液中携带。哥伦比亚山的岩石含有玄武岩玻璃，以及数量不等

日落时勇气号拍摄的古谢夫陨石坑图像

从赫斯本德山向南看

的橄榄石和硫酸盐。橄榄石丰度与硫酸盐含量成反比。这正是预期的结果，因为水会破坏橄榄石，但有助于产生硫酸盐。

穆斯堡尔光谱仪（MB）还在此地检测到了针铁矿。针铁矿只有在有水的情况下才会形成，因此它的发现是哥伦比亚山岩石中过去存在水的第一个直接证据。此外，岩石和露头的 MB 光谱显示橄榄石的存在明显减少，尽管岩石可能曾经含有大量橄榄石。橄榄石是缺水的标志，因为它在有水的情况下很容易分解。此地还发现了硫酸盐，它需要水才能形成。

此外，MB 还发现，该地土壤中的大部分铁都是氧化的 Fe^{3+}，如果存在水，就会发生这种情况。

哥伦比亚山存在的地质多样性是惊人的：黏土、碳酸盐矿物

■ 勇气号看到的哥伦比亚山（左）与智利的塔提奥间歇泉（右）相比较

和硫酸盐都形成于古老、持久的湖泊，或更近的、盐度不同的短暂湖泊。由近乎纯净的二氧化硅构成的岩石露头是古代热液系统的证据，对存在的大量火山玄武岩进行采样将可以确定火星地表的年龄。这反过来还可以阐明太阳系是如何形成的。

哥伦比亚山将是寻找火星上古代生命证据的绝佳场所。例如，哥伦比亚山的热液系统，长期以来一直被认为是一个小的生态环境系统，早期生命所需的分子可以在这里组装。位于智利的塔提奥间歇泉（El Tatio）露头具有可能与生命起源相关的结节形状，并且它们布满了微生物。来自勇气号探测的火星地表真相，加上地球上已知的模拟环境，可以使这个热液系统成为人类开始专门寻找火星地表过去生命的好地方。

埃伯斯瓦尔德陨石坑

埃伯斯瓦尔德陨石坑（Eberswalde Crater）是火星珍珠台地（Margaritifer Terra）的一个部分掩埋的撞击坑。埃伯斯瓦尔德陨石坑就位于霍尔登陨石坑的东北部，这个大陨石坑在过去可能是湖泊。这个直径 65.3 千米的陨石坑以南纬 24°，西经 33°为中心，根据国际天文学联合会的行星命名规则，以德国同名城镇命名。

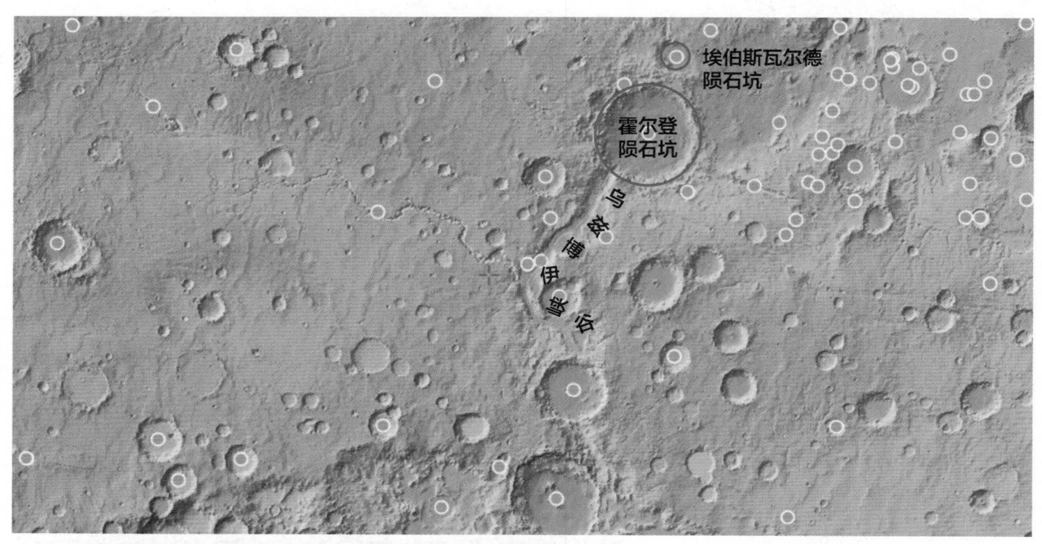

埃伯斯瓦尔德陨石坑

埃伯斯瓦尔德陨石坑
黄色椭圆是建议的 ExoMars 2020 着陆区。

埃伯斯瓦尔德陨石坑含有约 100 米厚的层状岩石，暴露在保存完好的三角洲中。这个沉积三角洲包含数十个浅倾斜、明亮和黑暗交替的层，厚度不等（1 到 10 米）。美国火星勘测轨道飞行器的高清晰照相机揭示了这些层中的结构，这些结构被解释为湖底沉积物。

这个三角洲与火星上其他扇形沉积三角洲不同的是，它存在一个保存完好的分流网络，包括叶状、反向河道和弯曲断裂带。另一个带有分流网络的扇形系统的例子可以在耶泽罗陨石坑找到，它可能代表了同类系统的一个更退化的版本。

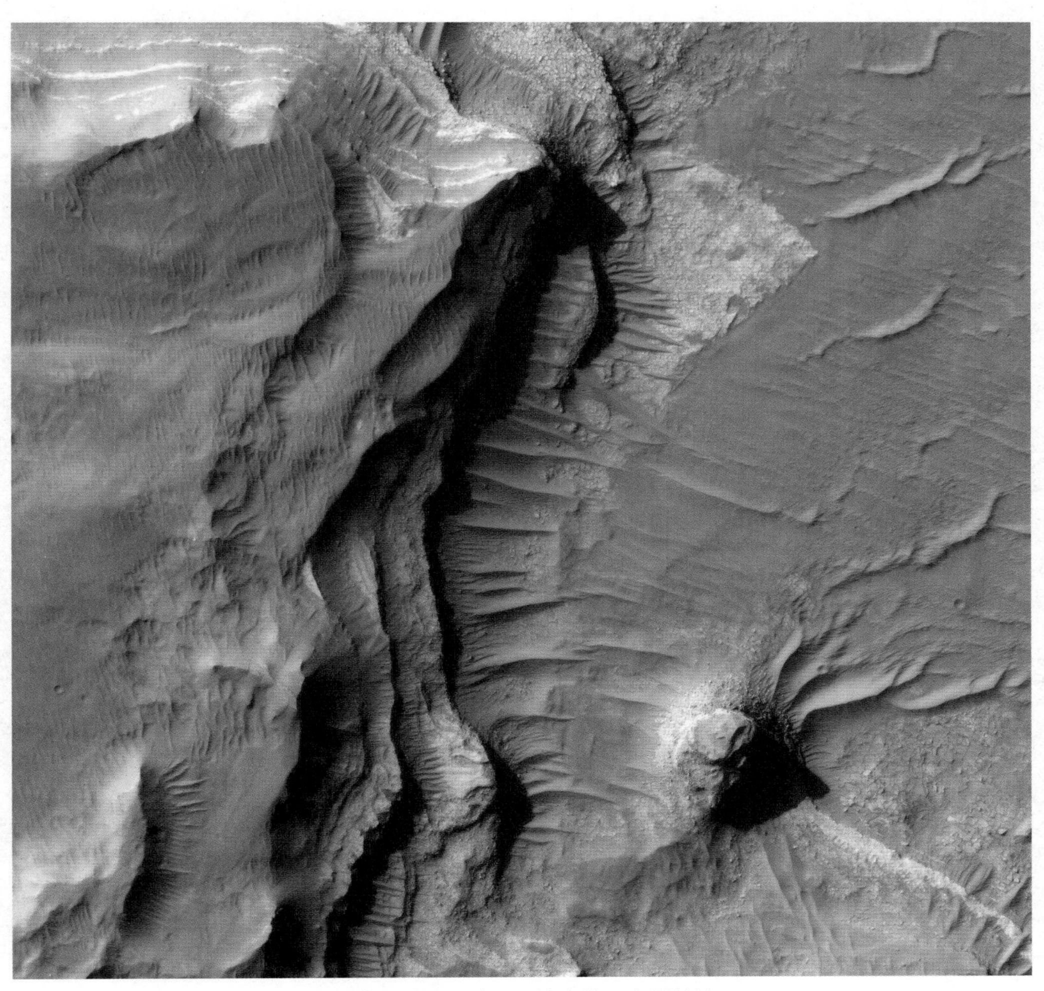

埃伯斯瓦尔德陨石坑内的三角洲结构

■ 高分辨率的埃伯斯瓦尔德三角洲

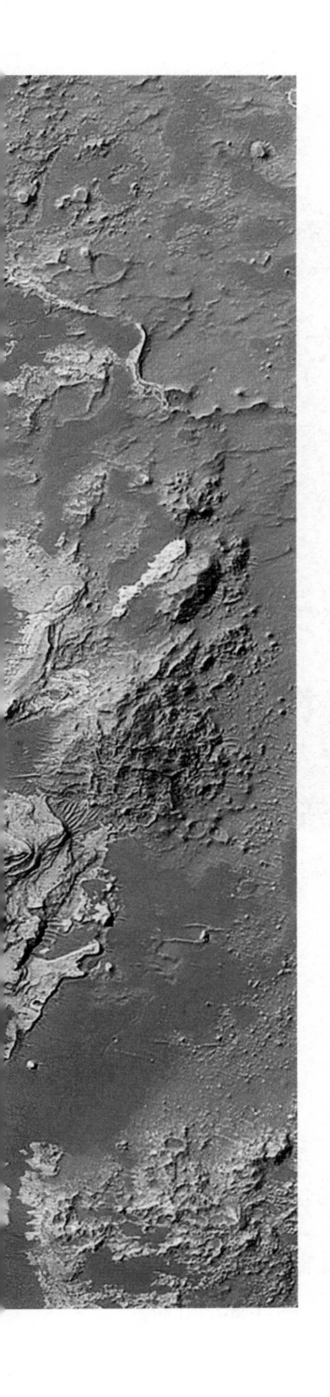

在埃伯斯瓦尔德陨石坑，蜿蜒的河流生长并切断了它们的循环，就像地球上蜿蜒的河流一样。风慢慢地吹走了平原上的沉积物，留下了河床作为山脊。在火星上已经发现了数十个具有陡峭外部边缘的山谷沉积物，但很少有像这样引人注目的。

埃伯斯瓦尔德三角洲提供了第一个“确凿证据”，证明火星上的一些山谷在很长一段时间内经历了具有水物理特性的液体的持续流动。地球上的河流也是如此。此外，由于今天的埃伯斯瓦尔德三角洲是岩化的，也就是说硬化形成了岩石——它提供了第一个明确的证据，证明一些火星沉积岩是在液体（可能是水）环境中沉积的。曲折河道、截断河道和不同海拔的交叉河道的存在，为这些解释提供了明确的地质证据。

在沉积形成三角洲后，沉积物被其他物质进一步掩埋。整包埋藏的材料变得胶结和硬化形成岩石。后来，风等侵蚀过程剥离了上面的岩石，重新暴露了三角洲。现在基本上作为化石保存下来，三角洲以前的河道底部因侵蚀而倒置，形成山脊。地球和火星上的水道都可能因侵蚀而倒置。

霍尔登陨石坑

霍尔登陨石坑（Holden Crater）位于南纬 26°，东经 326° 的南部高地内，它以美国天文学家爱德华 · 辛格尔顿 · 霍尔登的名字命名。

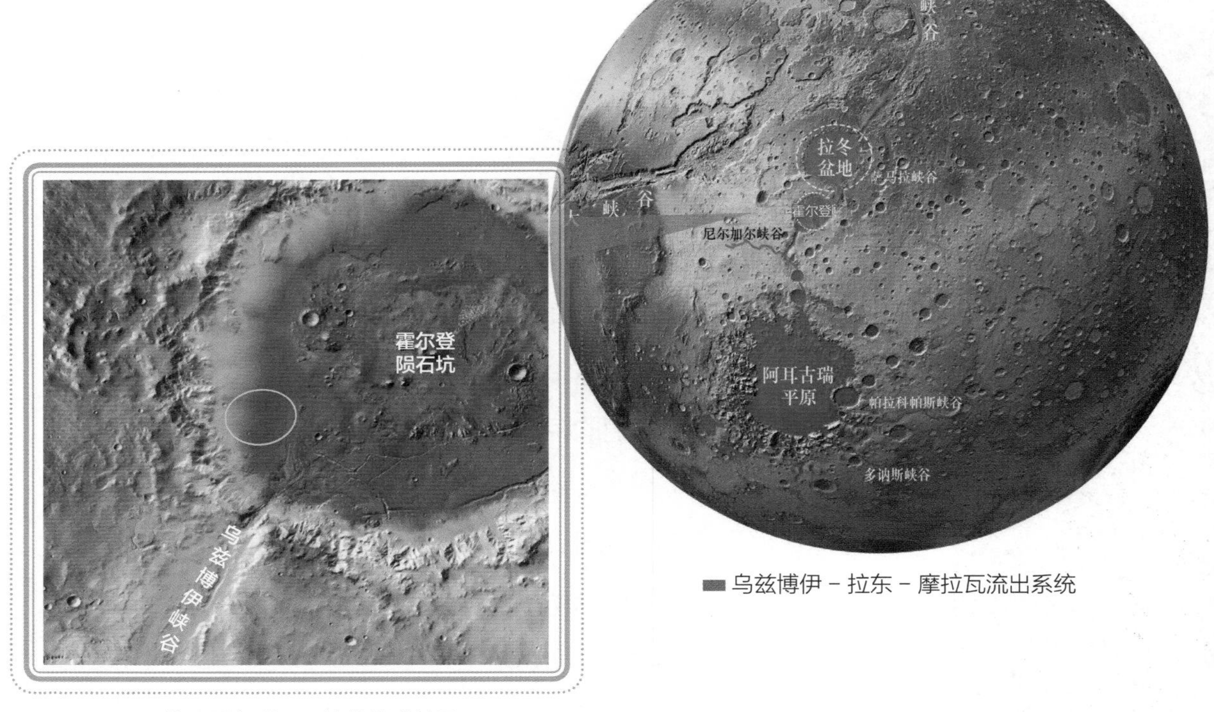

■ 乌兹博伊 – 拉东 – 摩拉瓦流出系统

■ 位于霍尔登陨石坑的着陆椭圆

与古谢夫陨石坑一样，霍尔登陨石坑以其中的出口通道和许多似乎是由流水形成的特征而著称。乌兹博伊峡谷（Uzboi Vallis）曾将水引入霍尔登陨石坑。乌兹博伊峡谷和霍尔登陨石坑是乌兹博伊 – 拉东 – 摩拉瓦（Uzboi-Landon-Morava，ULM）流出系统的一部分，这个系统是可能携带水流经火星大部分地区的一长串河道和洼地。

据研究，霍尔登陨石坑是由诺亚纪或西方纪时期的一次撞击形成的。陨石坑的边缘被沟壑切割，在一些沟壑的末端是扇形的水运物质沉积物。这个陨石坑引起了科学家们的极大兴趣，因为它有一些暴露得很好的湖泊沉积物。火星勘测轨道飞行器发现其中一层含有黏土。黏土只有在有水的情况下才能形成。霍尔登陨石坑内有两个沉积物单元，较低的单元是在一个大湖中形成的。据研究，湖水源自火山口壁或地下水。当火星气候不同时，陨石坑壁上的水可能来自降水。当乌兹博伊峡谷南部积水冲破霍尔登陨石坑的边缘时，形成了上部单元。大量的水从边缘流过，如此大的水流的一个证据是数十米大小的巨石粘在水面上，而运输如此巨大的岩石需要大量的水。霍尔登陨石坑是一个古老的陨石坑，包含许多较小的陨石坑，其中许多陨石坑充满了沉积物，火山口的中央山脉也被沉积物遮盖。在霍尔登陨石坑的东北方是埃伯斯瓦尔德陨石坑，其中包含一个大三角洲。一些人认为霍尔登陨石坑的下层床可能与埃伯斯瓦尔德陨石坑中的物质相似。耶泽罗陨石坑和霍尔登陨石坑可能都存在过湖泊。

水从乌兹博伊峡谷通过霍尔登陨石坑的南部边缘涌入陨石坑。水在霍尔登陨石坑内沉积了一层层沉积物。未来可能的着陆点是下图右侧中心平坦光滑的区域，靠近通道穿过边缘的地方。

霍尔登陨石坑的西南部

东北锡尔提斯

东北锡尔提斯（Ne Syrtis）是火星的一个区域，曾被 NASA 视为 ExoMars 2020 任务的着陆点。该区域位于火星北半球，坐标北纬 18°，东经 77°，大瑟提斯（Syrtis Major）的东北部，伊希斯平原环状构造内。该地区蕴藏着多种多样的地貌特征和矿物质，表明这里曾经有水流过，可能是一个古老的生物宜居环境，微生物可能已经在这里发展壮大。

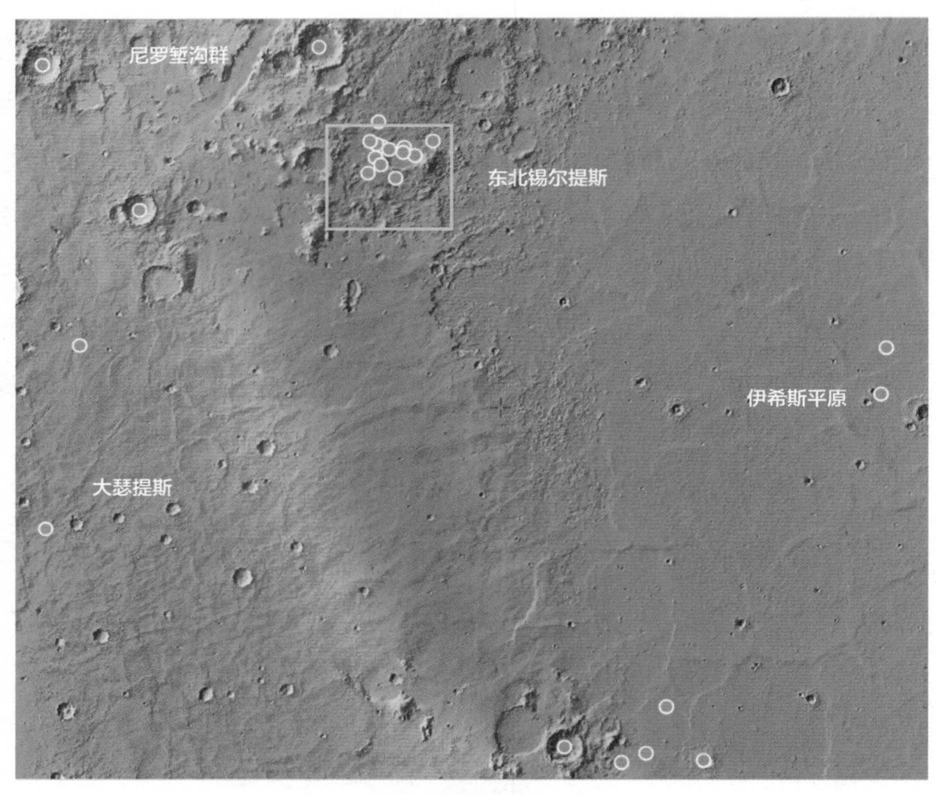

■ 东北锡尔提斯
黄色矩形表示东北锡尔提斯的位置。

东北锡尔提斯的层状地形在火星表面是独一无二的，含有多种水性矿物，如黏土、碳酸盐、蛇纹石和硫酸盐，以及火成岩矿物，如橄榄石。黏土矿物在水和岩石之间的相互作用中形成，而硫酸盐矿物通常通过地球上的强烈蒸发形成。类似的过程可能也发生在火星上，这强烈表明火星上存在水和岩石相互作用的历史。此外，巨角砾岩可能是该地区最古老的物质（一些巨角砾岩块的直径超过 100 米），由此可以深入了解火星最初形成时的地壳。该地点是研究火星地表过程的时间和演化过程的理想地点，例如，巨大的撞击盆地形成河流活动（山谷网络、小流出通道），地下水活动，冰川活动和火山活动。

东北锡尔提斯区域地层已被详细研究。该区域夹在巨大的盾状火山大瑟提斯和太阳系最大的撞击盆地之一（伊希斯平原）之间，因此可以为研究火星历史上关键事件的时间提供明确线索。

科学家对东北锡尔提斯区域感兴趣的地点包括台地单元、巨角砾岩和层状硫酸盐单元。

台地是有科研价值的地方之一，它由以下子单元组成：火山口保留盖、巨石脱落斜坡暴露出的年轻的块、橄榄石 - 碳酸盐单元、铁 / 镁 - 层状硅酸盐。这里可以轻松获取各种岩石。

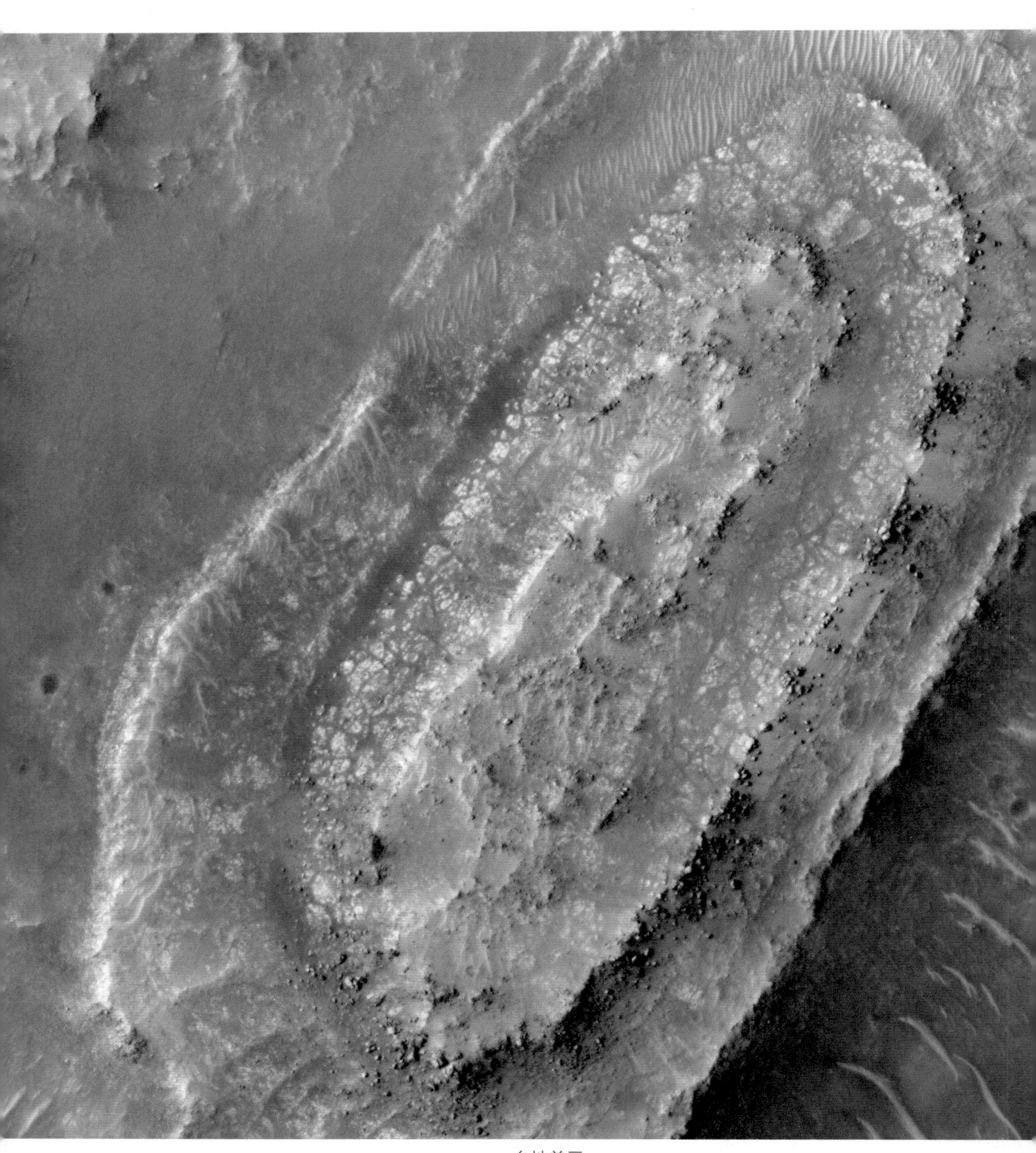

■ 台地单元

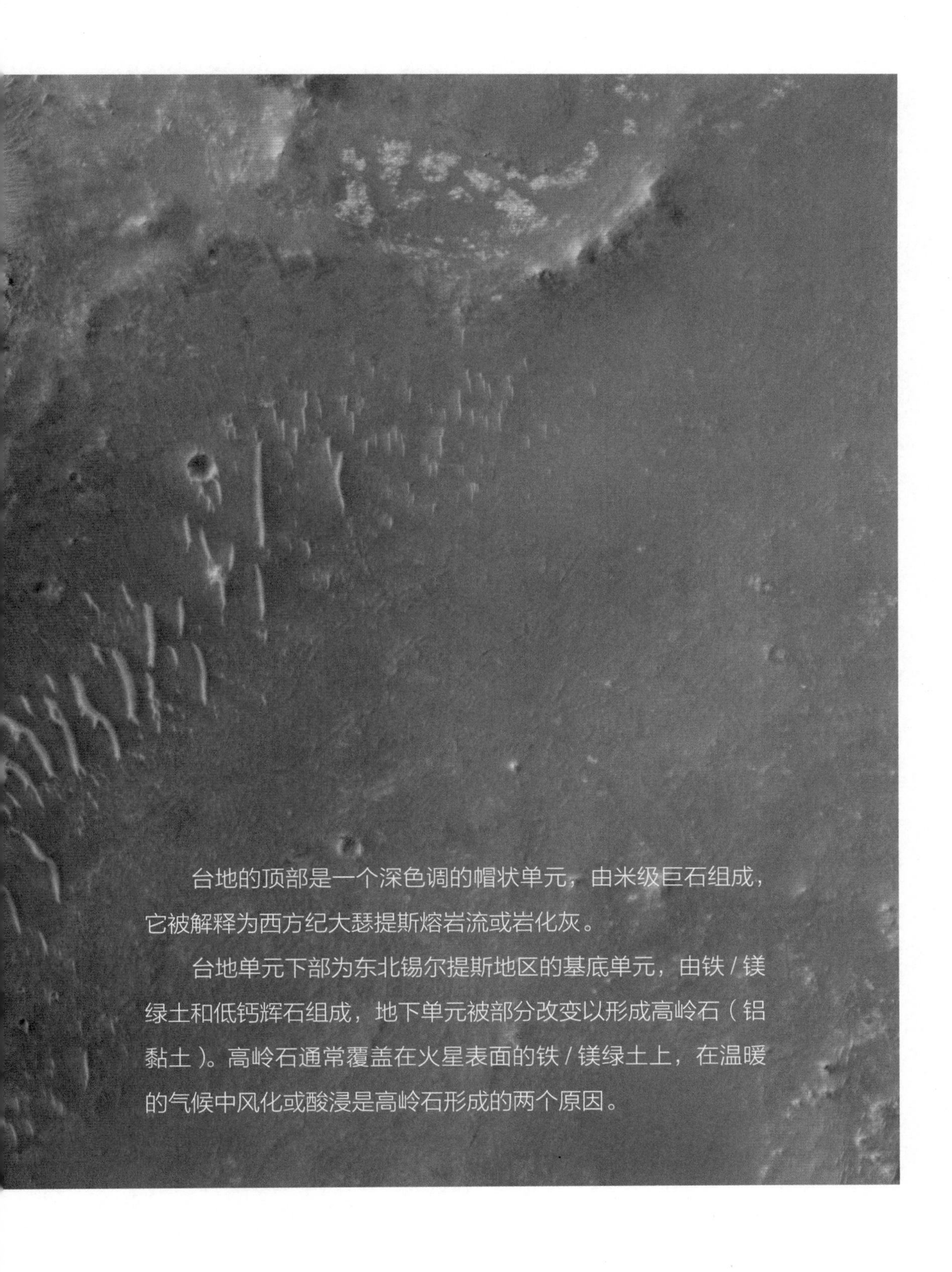

台地的顶部是一个深色调的帽状单元，由米级巨石组成，它被解释为西方纪大瑟提斯熔岩流或岩化灰。

台地单元下部为东北锡尔提斯地区的基底单元，由铁 / 镁绿土和低钙辉石组成，地下单元被部分改变以形成高岭石（铝黏土）。高岭石通常覆盖在火星表面的铁 / 镁绿土上，在温暖的气候中风化或酸浸是高岭石形成的两个原因。

巨角砾岩遍布东北锡尔提斯的地下，这些巨角砾岩的成分很复杂，包括蚀变材料或镁铁质材料。伊希斯平原形成事件可能会抬升和暴露这些巨角砾岩。巨角砾岩可以揭示火星原始地壳或诺亚纪低钙辉石熔岩残余物的性质。

巨角砾岩

在东北锡尔提斯区域的南部，有一个500米厚的硫酸盐沉积物序列，上面覆盖着来自后来的大瑟提斯火山形成的熔岩流。硫酸盐层包括多水合硫酸盐和黄钾铁矾，黄钾铁矾通常指示氧化性和酸性（pH<4）环境，黄钾铁矾的出现表明环境由中性、碱性向酸性转变。

层状硫酸盐

尼罗堑沟群

尼罗堑沟群（Nili Fossae）是火星上大瑟提斯高原地区的一组大型地堑，它已经被附近巨大撞击坑——伊希斯平原的沉积物和富含黏土的喷出物侵蚀并部分填充。它大约位于北纬 22°，东经 75°，高度 -0.6 千米。尼罗堑沟群曾在好奇号的潜在着陆点名单上，但在最后 4 个地点确定之前就被放弃了。虽然没有最后入围，但它在 2015 年 9 月被选为 ExoMars 2020 探测器的潜在着陆点，该探测器采用与好奇号相同的设计，但具有不同的有效载荷，且专注于天体生物学。

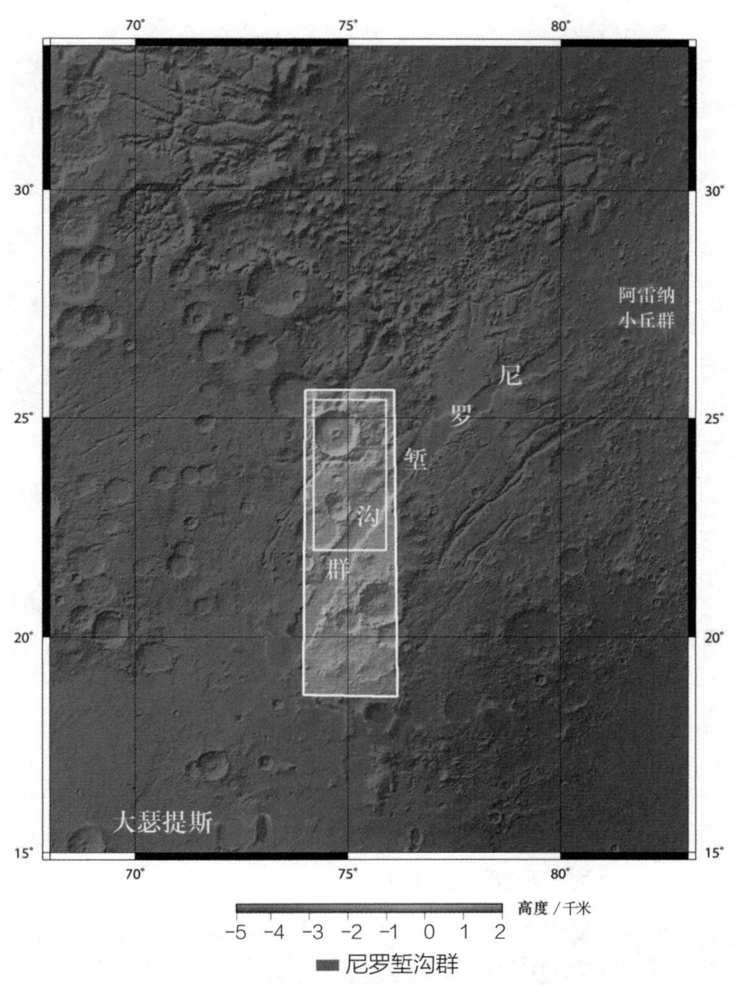

图中白色框线区域为有价值的着陆候选区。

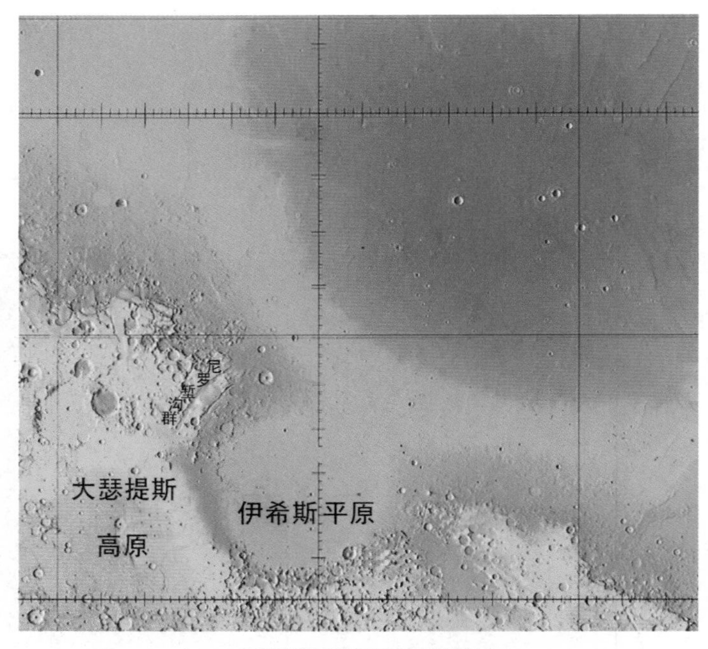

■ 尼罗堑沟群周围的地质特征

尼罗堑沟群是弯曲的断层和断层之间的下落地壳块的集合。槽沟或地堑位于大型火山大瑟提斯的东北部和古老撞击盆地——伊希斯平原的西北部。这些槽沟深近500米，沿着伊希斯平原的轮廓形成同心曲线。地堑很可能是由于地壳在布满伊希斯平原冲积盆地的熔岩流的重压下下陷而形成的。

欧洲航天局的火星快车在尼罗堑沟群探测到**富含铁和镁的黏土矿物。这些黏土被称为页硅酸盐，它们的存在明确无误地指明这里曾经出现过水。**黏土是水的混合物，因为它们在潮湿条件下形成岩石风化。更妙的是，这些矿物质表明当时的环境特征是温暖而不是极热。

■ 尼罗堑沟群的宽槽沟

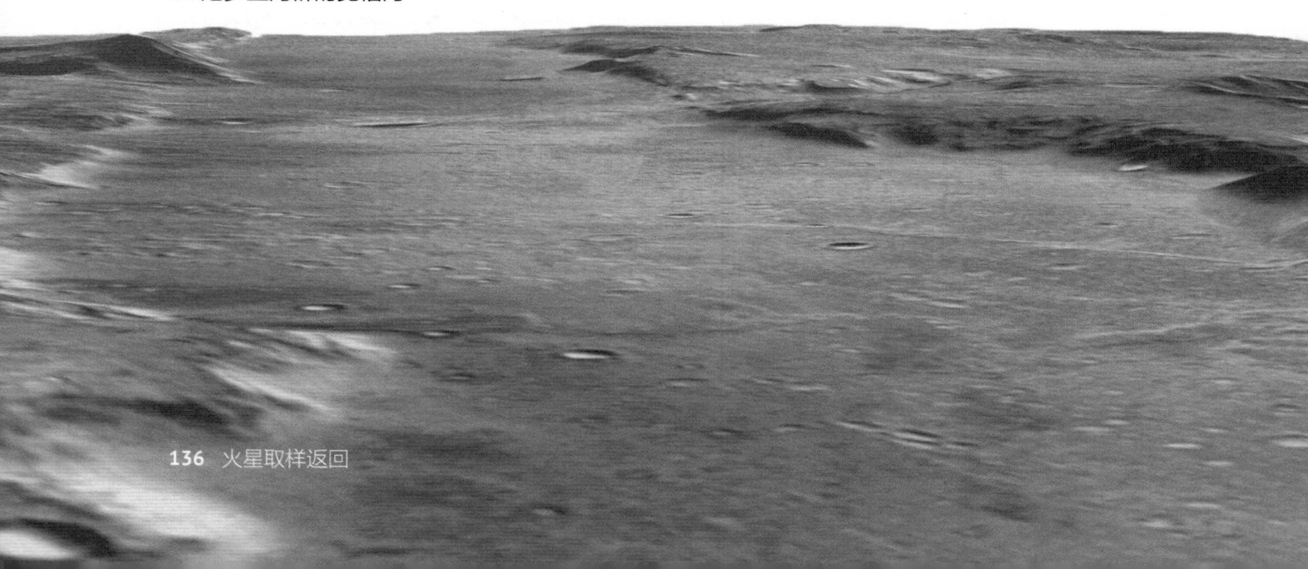

尼罗堑沟群的这个宽槽沟既不是道路，也不是洪水通道，它是一块落在两个断层之间的地壳。这个槽沟宽约 26 千米，两侧的山丘含有黏土沉积物，表明这里过去有水（或潜在生命）。

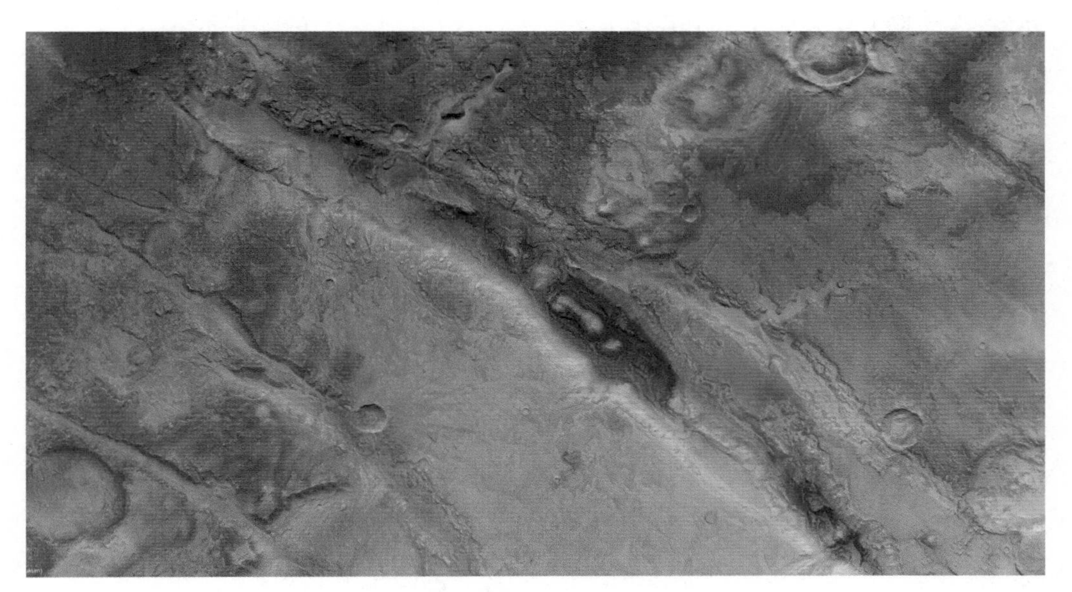

尼罗堑沟群周围的地质特征

火星北纬 22°，东经 77° 区域的部分沟槽

西南梅拉斯深谷

西南梅拉斯深谷是水手大峡谷的一部分，基本位于整个水手大峡谷的中部，是三个深谷并存的区域，自南向北分别是梅拉斯深谷（Melas Chasma）、坎多尔深谷（Candor Chasma）和俄斐深谷（Ophir Chasma）。梅拉斯深谷在尤斯深谷（Ius Chasma）东方，长度约 547 千米。坎多尔深谷在提托诺斯深谷（Tithonium Chasma）东方，长度约 773 千米。俄斐深谷长约 317 千米，看起来是椭圆形的，并流入坎多尔深谷。这三个深谷是相连的。梅拉斯深谷是水手大峡谷最宽的一部分，它的底部有 70% 是较年轻的物质，被认为是被风夹带的火山灰落在此处而形成的风积地形，这个区域也包含了自峡谷断崖侵蚀的粗糙物质。而梅拉斯深谷的中间高程比其他区域高，这可能是峡谷谷底其他区域物质落到中央的缘故。梅拉斯深谷周围是大量的崩积物质，与尤斯深谷和提托诺斯深谷的情况相似。梅拉斯深谷也是水手大峡谷最深的部分，比周围的表面低 9 千米，从这里开始，它的外流浚道坡度是向北方大平原 0.03 °向上，这代表如果将梅拉斯深谷以流体注满，这些流体在流入北方大平原以前会先形成一个深度最深达 1 千米的湖。

以上介绍的参考着陆点，都是 ESA 和 NASA 组织科学家经细致研究得到的结果，虽然是为火星车选择的着陆点，但对火星取样返回也有重要的参考价值。此外，一些研究者和研究团队也提出了许多建议，这里就不一一列举了。

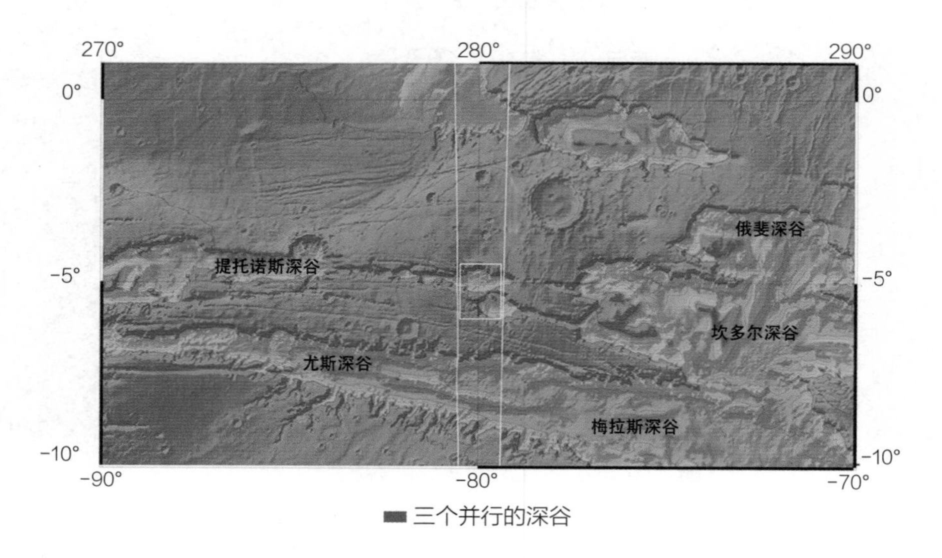

三个并行的深谷

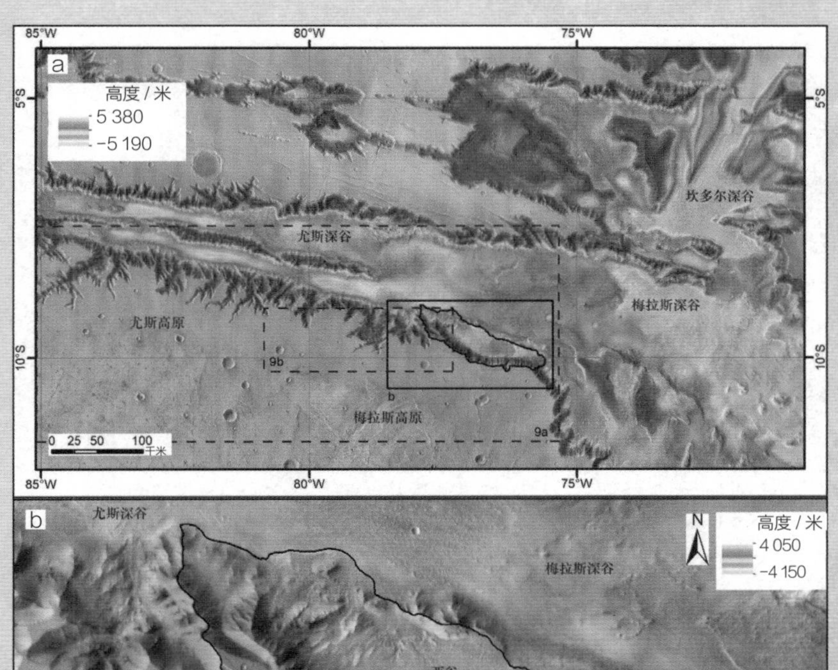

西南梅拉斯盆地

(a) 水手大峡谷的中部和西部，西南梅拉斯盆地轮廓由黑色实线表示。

(b) 西南梅拉斯盆地的放大视图。山谷和河道从盆地西部和东部汇聚在西南梅拉斯盆地古湖上。

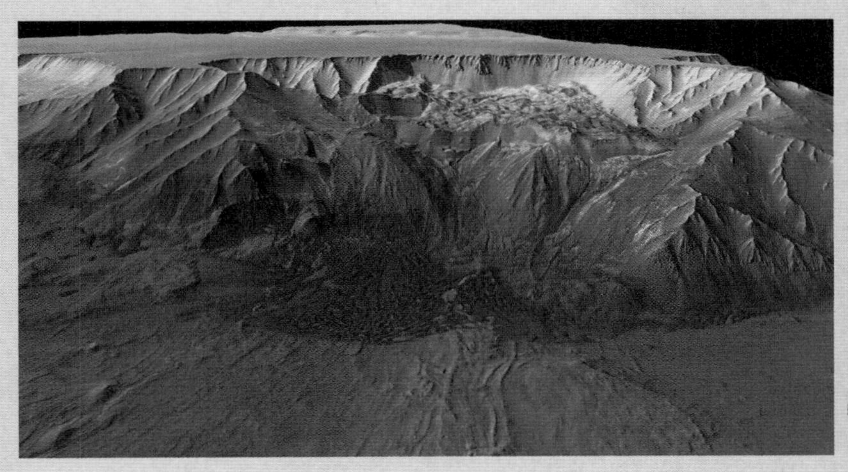

梅拉斯深谷南缘的高分辨率成像

梅拉斯深谷南部的一个小盆地

该盆地可能含有古老的湖床沉积物。

第六章 取样返回的整体架构与相关技术

1 概述

工程含义

前几章介绍了火星取样返回的科学目标和为实现这些目标所需样品的类型。为了获取这些满足科学目标的样品，一定要有相应的工程保障。下图概述了火星取样所需要的工程保障。

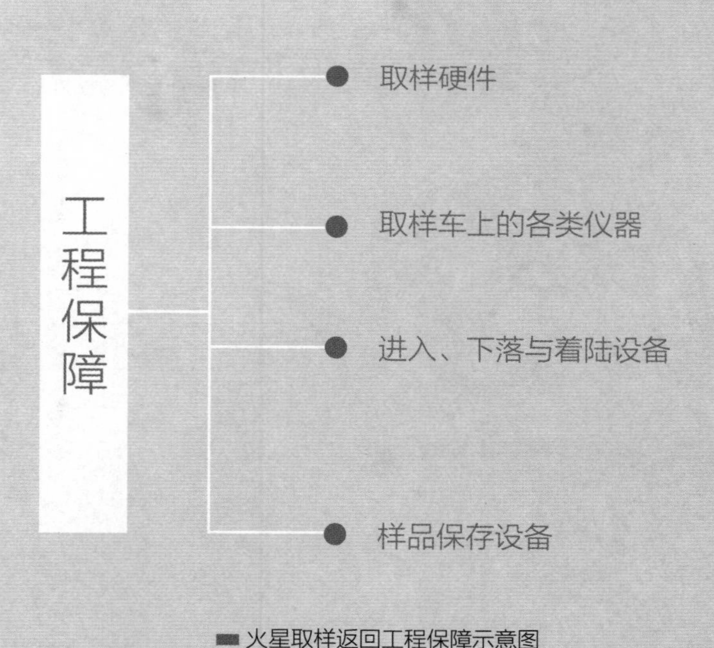

火星取样返回工程保障示意图

具体来说，火星取样返回的工程保障包括以下内容。

（1）着陆点、着陆椭圆、探测车机动性及其寿命：要从不同的科学区域收集岩石，颗粒物质（风化层、灰尘）和大气气体样品。样品采集漫游车应能行驶足够的距离到达每一个有价值的区域，并应包括一个能够收集不同物质的系统。

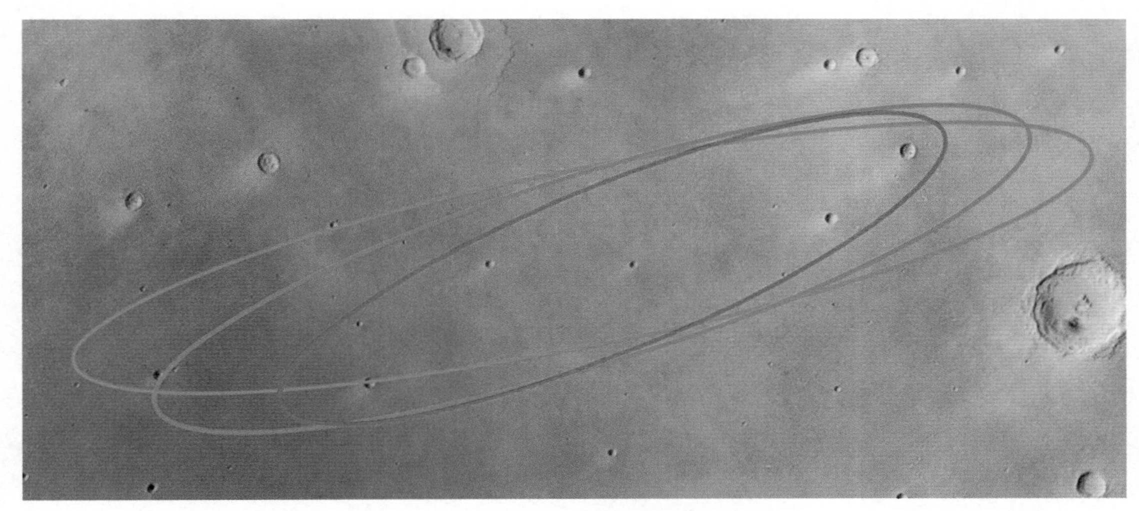

位于梅拉斯深谷南部的着陆椭圆

该区域位于一个小盆地内，可能含有古老的湖床沉积物。

（2）就地测量：样品采集探测车必须能够观察和测量地质特征及其变化，以使调查人员能够选择适当的采样目标。样品收集过程应使用多种仪器，至少包括显微成像仪，以进行元素化学和矿物学分析。

毅力号火星车就地测量

（3）风化层样品：风化层样品应从表面向下 5 厘米处收集，距离着陆器应足够远，以避免因着陆事件造成的任何物理污染。落尘样品应与风化层样品分开收集。

（4）地下取样：地下采集的样品具有科学价值，因为它可以增强有机物的保存。

（5）大气样品：目标是在火星周围大气条件下收集至少一个 50 立方厘米的大气样品。

（6）样品数量、样品大小和总质量：为了实现所设定的科学目标，需要 30 ~ 35 个样品，单个样品的目标质量约为 15 克，返回样品的总质量约为 500 克。

（7）收集样品的替换：如果取样探测车能够用以后收集的更高

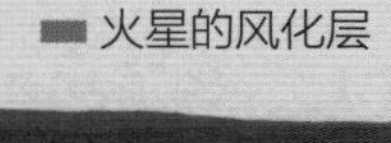

火星的风化层

价值的样品替换之前收集的至少 25% 的样品，那么样品收集的科学价值将显著提高。

（8）样品的储存和寿命：在火星上储存样品，可能要很多年，然后将它们运送到地球上。每个样品管必须密封，样品返回罐在离开火星之前必须密封。

（9）样品保存：送到地球的样品必须保留采集时的物理和化学特性，样品必须无污染地返回地球。

样品的现存生命问题

现存生命探测并不是当前的首要科学探索重点，科学家更侧重于从返回样品中寻找火星古代生命及其生命前体的化石证据。尽管如此，返回的样品也必须像它们可能包含现存生命一样被对待，以保护地球生命不受外星生命污染。

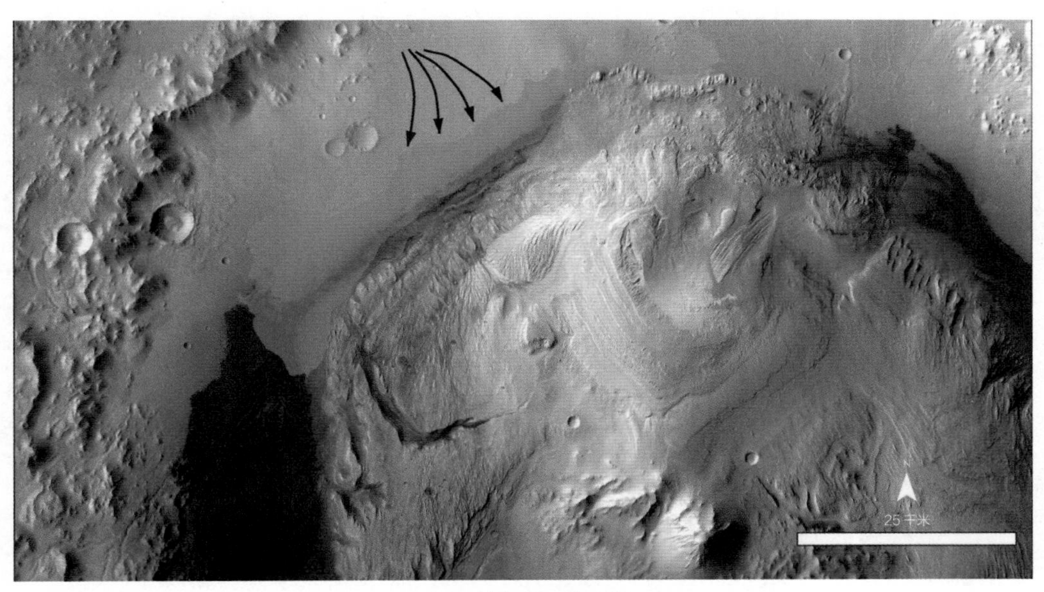

■ 盖尔陨石坑局部

盖尔陨石坑内可能含有微生物的成分。

2 取样返回架构

火星取样返回参考体系结构

为了完成火星取样返回活动，人们设想了几种潜在的架构，包括技术、规划和政策准则及限制因素。下面的示意图给出了基本要素的基本功能，汇集成一系列潜在的架构方法。每个架构都可以满足总体目标、不同的技术要求、成本、进度和风险情况。所有的架构都包含一个或多个飞行任务，增加了“+1”地基活动来执行样品返回地球后的回收、检疫和管理工作。

在“1+1”架构中，一次飞行任务完成了选择样品、打包并返回地球的功能。这种架构的优点是一次发射，所有基本飞行元素同时设计和交付。这在设计和开发过程中提高了效率，所有接口和需求都可以同时开发，确保了高效的技术解决方案，以及任务发射和样品返回地球之间相对较短的时间跨度。然而，这种架构的缺点包括一次性开发所有功能的高昂初始成本（需要大型运载火箭）和将所有功能放在一次发射上的更高潜在风险。

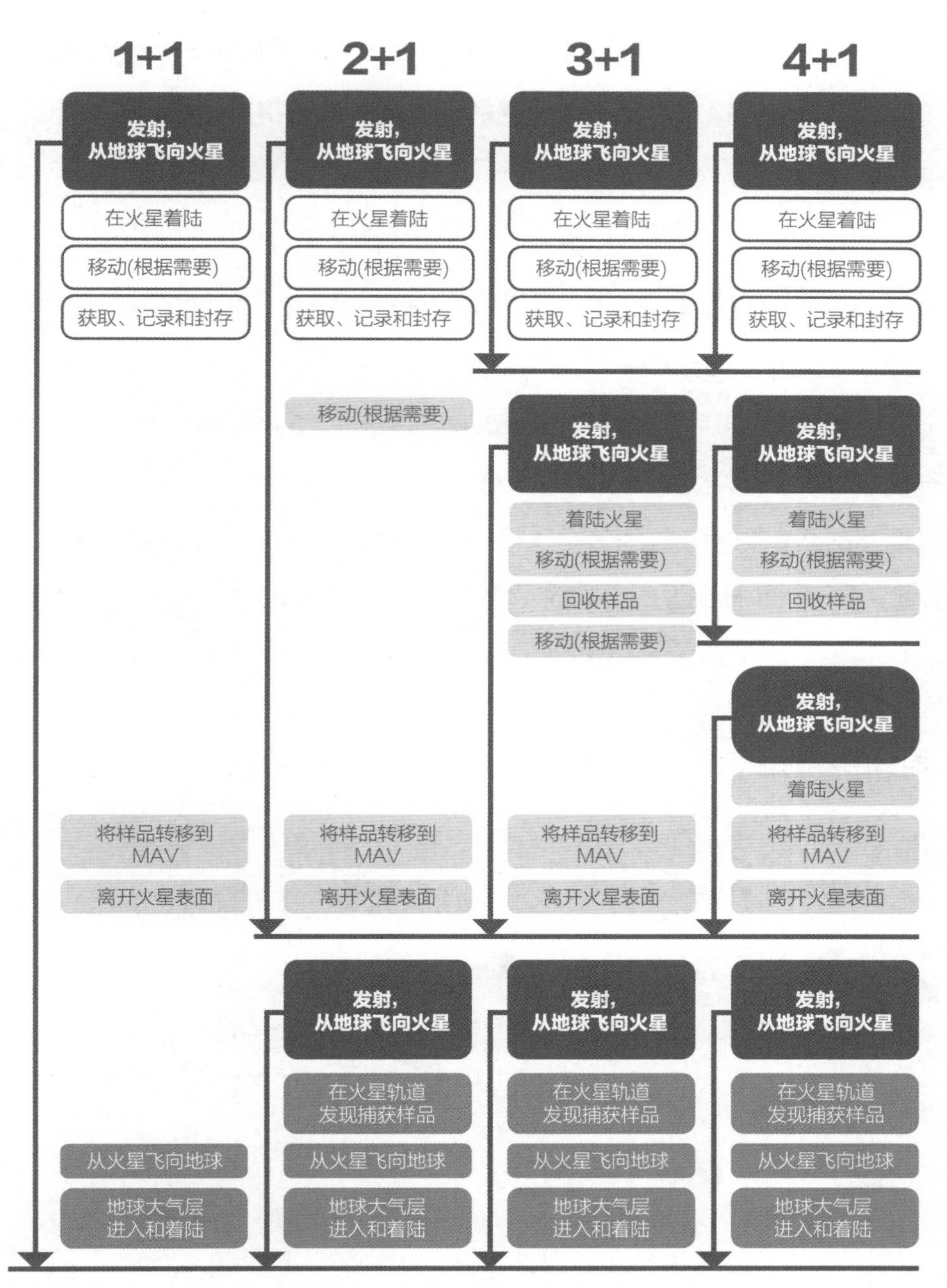

多个火星取样返回体系结构

“2+1”“3+1”和“4+1”架构将基本功能分为多个独立发射的飞行元素。使用多个飞行单元执行火星取样返回的优势是，通过将其分散到各个单元可以降低初始成本和任务失败的风险，并使规划和政策决策具有灵活性。多元素结构的主要缺点是，它们增加了最初采集样品到返回地球之间的时间。

“3+1”架构元素

国际火星取样返回体系（International Mars Architecture for Return of Samples，iMARS）工作组第二阶段团队选择了“3+1”架构，包括三个火星飞行任务和一个地球上的样品处理元素。下面的“3+1”架构模式图显示了火星取样返回的基本功能，分为三个飞行单元：样品缓存巡视器（Sample Cache Rover，SCR）、样品返回着陆器（Sample Retrieval Lander，SRL）和样品返回轨道器（Sample Return Orbiter，SRO）。

SCR 单元：一种和好奇号火星车大小近似的火星车，可以选择、收集和存储岩芯和风化层样品，并将它们存储在单独的样品管中，供 SRL 检索。

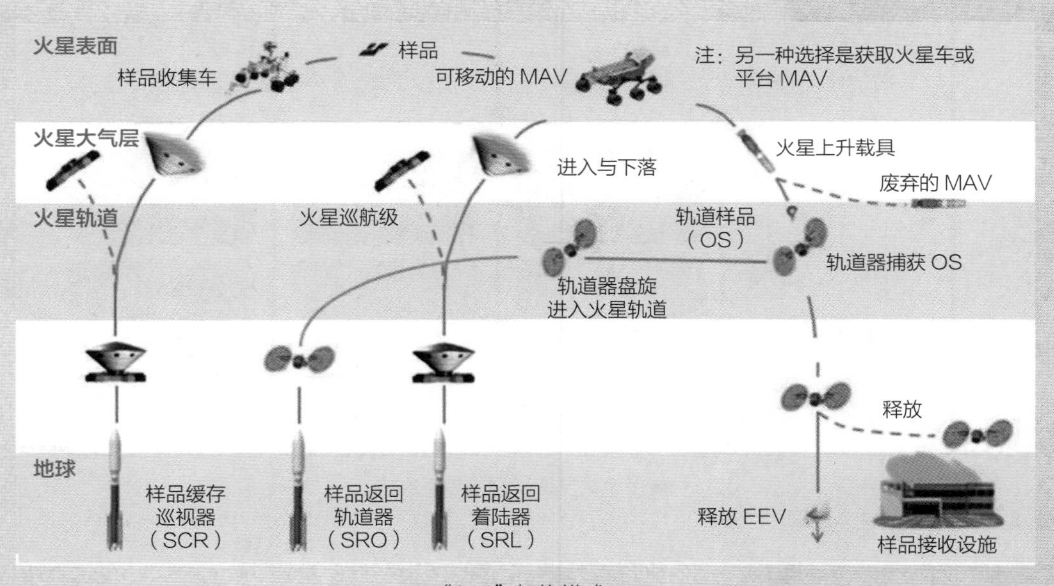

“3+1”架构模式

SRL 单元：一个回收样品的火星表面移动系统，包括一个火星上升飞行器（Mars Ascent Vehicle，MAV），它将样品发射到火星轨道；一个轨道样品（Orbit Sample，OS）底盘，从火星上升到地球回收一直保存火星样品。SRL 单元也用于收集和储存大气样品。

SRO 单元：一种带有交会传感器套件和用于在火星轨道上捕获轨道样品底盘的航天器。SRO 单元可以为火星表面作业和关键任务提供电信中继。在 SRO 捕获轨道样品之后，轨道上的样品被密封在容器中，并放入“地球进入飞行器”（Earth Entering Vehicle，EEV）。

“3+1”体系结构的一个主要特点是，在 SCR 和 SRL 任务之后，样品的放置处于稳定状态。SCR 将收集的样品放到一个或多个缓存中，并有能力在稳定状态下存储至少十年，以供检索。SRL 任务将在稳定的、长期的火星轨道上放置一个轨道样品底盘，供 SRO 任务进行交会和返回。在目前设想的火星上升飞行器技术范围内，稳定运行轨道超过 50 年是可以实现的。

“3+1”架构和稳定的样品存储允许飞行元素的设计和实现具有一定的灵活性。如果程序或技术问题延迟发射一个飞行元素，计划可以适当调整发射计划，而不降低科学回报。此外，该架构更适合不同组织之间进行合作，在参与组织之间分派任务，或许能减轻规划和政策方面的限制。

备选的“4+1”火星取样返回架构

如果有技术或规划方面的限制要求，则可以考虑的一种备选的火星取样返回活动架构是“4+1”架构。在这个体系结构中，SRL 的功能分布在两个飞行任务中：一个提供样品检索能力，另一个提供火星上升飞行器。这种架构的优势在于，它提供了额外的大量传输到火星表面，这可以实现 SRL 的所有功能。这种方法的主要挑战是样品检索元件在火星表面与微型飞行器交会的技术挑战，这需要火星车具有精确着陆的能力，或更长的行程，只有在采用平台着陆器和缓存巡视器时才可行。

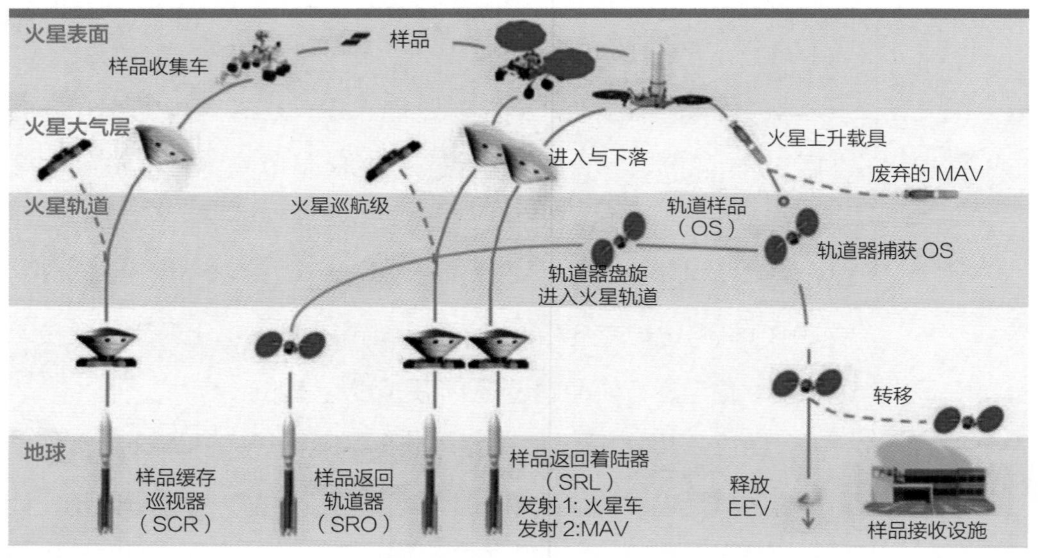

样品返回的备选“4+1”架构

SRL 与 SRO 可按任意顺序发射。

3 NASA-ESA 联合取样系统

火星取样返回在技术上是相当复杂的，需要在开展这项工作之前逐一攻破。这些技术包括样品的提取和密封技术、从火星表面上升技术、在火星轨道交会对接技术、从火星返回地球的技术等。人类虽然已从月球、小行星和彗星取样返回，但还未从火星这样大的天体取样返回，因为从火星取样返回对运载火箭和轨道设计的要求都很高。

2019 年，NASA 和 ESA 提出了联合火星取样返回探测计划，这个任务非常复杂，主要分为**采样、取样、交接、返回**四个步骤。

采 样

NASA 耗资 25 亿美元研制的毅力号火星车已在耶泽罗陨石坑着陆。耶泽罗陨石坑里有保存完好的远古河流三角洲的化石，该区域的岩石保存着关于火星漫长而多样的地质历史信息。火星车可四处活动，完成科学实验，钻探小块泥岩和其他岩石（这些岩石可能蕴藏着古老生命的“蛛丝马迹”），采集岩心样品。

每个样品将包含 20 克岩石和粗砂，存储于约手电筒大小的管内。NASA 将一些样品管暂时寄存在火星表面，另一些则放在火星车上。

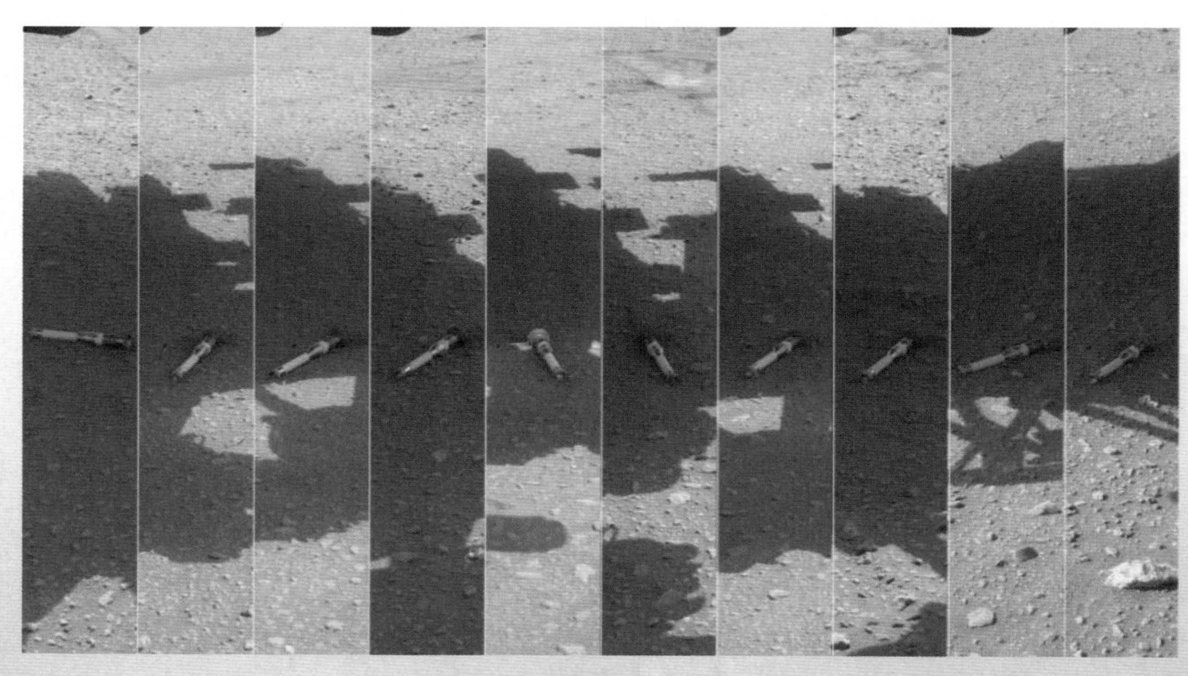

毅力号火星车获取的样品

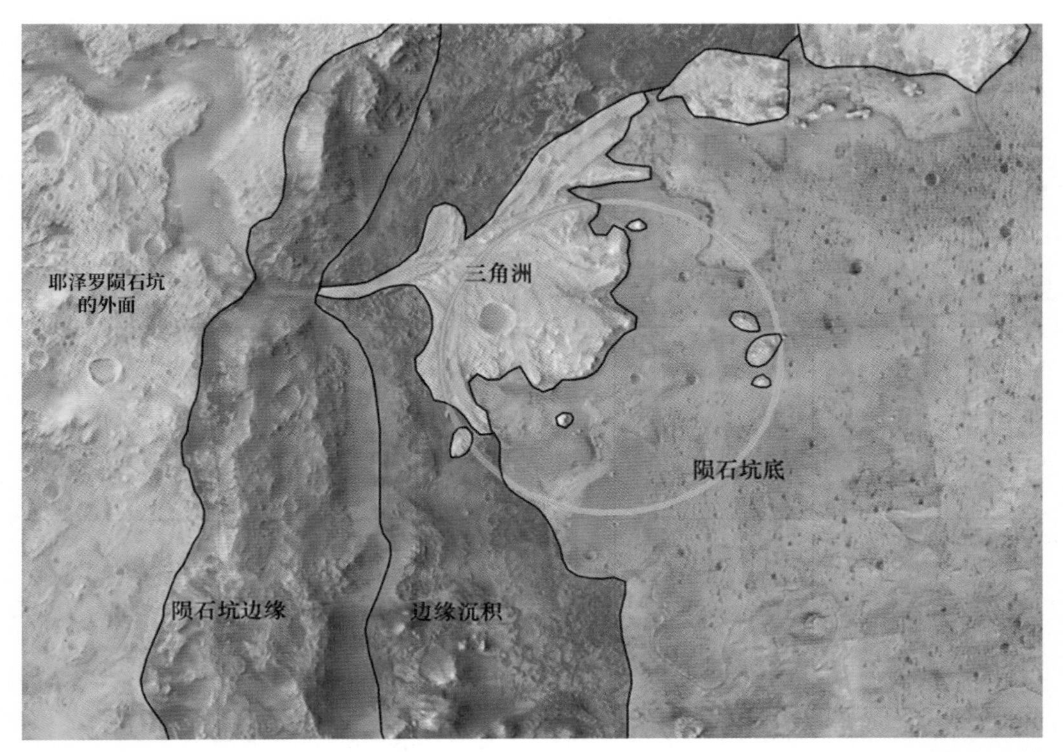

■ 耶泽罗陨石坑

■ 毅力号火星车将岩石和土壤样品储存在密封管中

2023年1月29日，毅力号成功放下第10个管子，并将样品管存放在一个绰号为“三岔”的区域。10个样品管，包含了火星地质学的惊人多样性信息，存放在火星表面，以便将来运送至地球进行研究。

科学家认为，火成岩和沉积岩岩心提供了近40亿年前耶泽罗陨石坑形成后不久发生的地质过程的绝佳横截面。毅力号还放置了一个大气样品和所谓的“见证”管，用于确定收集的样品是否被随漫游者从地球带来的材料污染。

取　样

NASA的样品回收着陆器将在火星着陆，并留在原地，接收已经由毅力号火星车收集和保存的各种火星岩石样品。

该着陆器将是有史以来第一个携带火箭（火星上升飞行器）和两架直升机的着陆器，以帮助实现将样品安全带回地球进行研究的目标。火星上升飞行器将从火星发射，携带样品进入火星轨道，与欧洲航天局提供的地球返回轨道器（Earth Return Orbiter，ERO）会合。然后，地球返回轨道器再把样品带到地球。美国国家航空航天局的两架样品回收直升机，是毅力号带到火星的直升机的改进版本，作为毅力号将样品管带往着陆器任务的备份。

样品回收着陆器将在火星岩石和大气样品安全返回地球方面发挥重要作用，它将向火星运送关键的航天器和硬件：从火星发射样品的火箭、两架直升机和一个用于将样品转移到火箭中的机械臂。

样品回收着陆器

样品回收着陆器具有以下 5 个特点：

a. 该着陆器的有效载荷质量是毅力号火星车（563 千克）的 2 倍。着陆器的荷载将包括一枚火箭、样品转移臂和两架直升机。着陆器的每条着陆“腿”大约和成年人的腿一样长，整个着陆器大约和职业篮球运动员一样高。

b. 样品回收着陆器将是第一个携带火箭到另一个行星并从那里发射的航天器。着陆器通过将火星上升飞行器“抛”到着陆器上方 4.5 米或火星表面上方 6.5 米的高度来发射火星上升飞行器。一旦升空，火箭将点火并起飞，将装满样品管的容器释放到火星周围的稳定轨道上，与欧洲航天局的地球返回轨道器会合。

c. 样品回收着陆器携带的两架直升机将以毅力号火星车搭载的机智号直升机为基础。它们将增加轮子以提高灵活性，并配有一个小手臂，每次抓取一个样品管，以备万一需要直升机帮助取回毅力号留下的火星样品的情况。

d. 超精确着陆。着陆器的着陆点需要靠近毅力号火星车，以方便火星样品的转移。它必须在距离目标地点 60 米的范围内着陆，这比之前的火星着陆器和漫游车要精确得多。着陆器将利用 NASA 成功的地形导航的增强版本，帮助其安全着陆。除了其他改进外，新的增强型着陆器视觉系统将增加第二个摄像头、一个高度计，同时使用推进进行精确着陆的能力也将得到极大提高。

e. 与多载具交互。着陆器将与毅力号火星车、样品回收直升机（根据需要）和火星上升飞行器交互，以便为把样品管发射到火星轨道做好准备。这项任务需要许多高度精确的机械臂运动，由欧洲航天局的样品转移臂执行。

（1）毅力号将样品带到着陆器。

毅力号火星车收集并储存了各种各样的样品后，将成为把样品运送到样品回收着陆器的主要载体，以完成机载样品管的集合移交。ESA 提供的机械臂会将样品管转移到着陆器火箭上的样品容器中。

火星取样返回涉及的各类航天器

（2）样品回收直升机。

样品回收直升机以成功的机智号火星直升机为蓝本。这些专门的旋翼飞行器将成为 NASA、ESA 火星取样返回活动的辅助样品检索工具。目前，毅力号火星车已经在收集各种经过科学整理的样品，以备安全返回地球。样品回收直升机将扩展机智号直升机的设计，增加轮子和抓取能力，以拾取毅力号留在火星表面的缓存样品管，并将它们运送到样品回收着陆器。

样品回收直升机

对于样品回收直升机的作用，有以下 5 点说明。

a. 样品回收直升机不打算成为在火星上回收样品的主要方法。目前的计划要求毅力号火星车直接携带样品管到样品回收着陆器。然而，如果火星车无法携带样品，直升机将准备收集之前毅力号留在火星表面的缓存样品管。

b. 飞，开，抓，走！样品回收直升机将配备新的轮子（以便在短距离内沿着地面移动），以及在飞行过程中固定样品管的抓取臂。

c. 样品回收直升机将在预先确定的地点起飞和降落，这些地点已经被确认是合适和安全的，并将使用飞行中基于地图的导航来到达已知的留存在火星地表的样品管的位置。

d. 每架直升机将按照一个为期四天的程序来回收样品管。第一天：飞到样品管附近。第二天：通过轮子运行靠近样品管，把它捡起来。第三天：飞回样品回收着陆器附近。第四天：驶近着陆器，将样品管放入着陆器样品转移臂的工作空间。

e. 科学家们正在研究完成火星取样返回工作后，直升机的其他潜在科学或探索用途。

（3）火星上升飞行器。

火星上升飞行器是一种轻型火箭，作为 NASA 和 ESA 火星取样返回计划的一部分，将是有史以来第一枚从另一颗行星表面发射的火箭，并将载有火星岩石和土壤样品的样品管送入环绕火星的轨道。火箭和轨道样品容器将乘坐样品回收着陆器前往火星，并将一直留在着陆器上，直到它们装载样品并准备好发射。一旦发射进入火星轨道，ESA 的地球返回轨道器将捕获它们并将其存储在安全的密封舱中，以便安全地运送到地球。在将从另一个行星收集到的记录最完备的样品集返回地球方面，火箭将发挥至关重要的作用。

火星上升飞行器

对于火星上升飞行器，有以下 5 点需要进一步说明。

a. 它是第一枚从另一个行星发射的火箭。随着轨道样品容器的搭载，这一里程碑被证明更加重要，因为它使我们距获得毅力号花费大量时间收集的珍贵样品又近了一步！

b. 它不是传统的火箭发射。为了将火箭发射到空中，着陆器会将火星上升飞行器抛到自身上方几米处。前部会比后部被抛得更高一些，导致火箭向上指向火星的天空。火箭的固体推进剂第一级随后将在半空中点燃，火箭将起飞！

c. 有什么比一次燃烧更好？两次！这枚火箭将采用两级燃烧到达火星轨道——第一级是推力矢量控制，预计燃烧时间约为 75 秒。然后火星上升飞行器将滑行并与第一级分离（连同所有主动控制一起掉落）。第二阶段是自旋稳定，预计燃烧时间约为 20 秒，用于切入火星轨道，然后在那里部署轨道样品容器。火星上升飞行器的第二级和轨道样品容器都将留在火星轨道上。第一级火箭会撞回火星。

d. 直接射入太空。火箭的第二级燃烧将使用一种称为自旋稳定的方法来保持火箭在其旅程中保持直线飞行——类似于以螺旋运动将足球扔出去以保持直线飞行的行为。这种方式可以使火箭更轻，因此不必一直携带主动控制进入轨道。但是，这意味着必须精确控制平衡。

e. 适合火箭的冰屋。在毅力号火星车将轨道样品容器转移到火箭之前，火星上升飞行器将被包裹在着陆器内的保护性温控外壳中，就像冰屋一样。这个冰屋旨在使火星上升飞行器的设备在恶劣的火星条件下保持温暖。尽管任务被安排在火星的春季进行，但夜晚火星表面的气温可能会降至 -68 摄氏度以下。

交 接

地球返回轨道器上的捕获、制动和返回系统将捕获轨道样品容器，将其定向，并将其转移到一个清洁的区域返回地球。

捕获、制动和返回系统

返　回

欧洲航天局地球返回轨道器将携带美国国家航空航天局提供的捕获、制动和返回系统以及地球进入系统。

轨道器内的返回系统将捕获并保存样品，将它们放入地球进入系统。然后地球返回轨道器将把这些珍贵货物运送回地球附近，在地球轨道它将分离出来并安全着陆在地球上。

地球进入系统将把环绕地球运行的样品装在一个盘形飞行器内，该飞行器带有隔热罩，可以安全进入地球大气层。

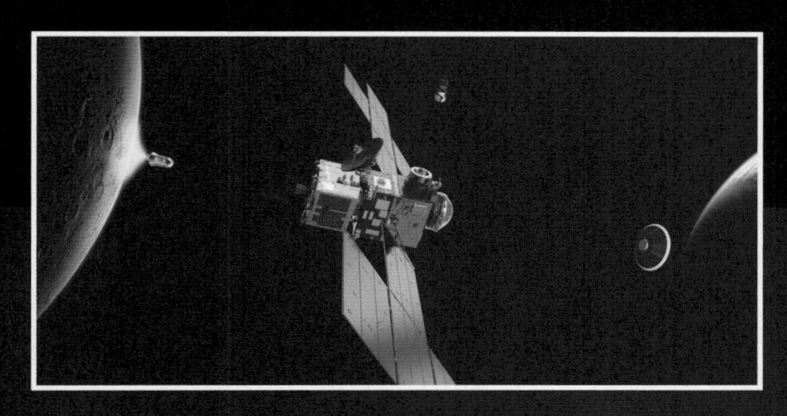

地球进入系统离开火星到进入地球大气层的过程

地球进入系统

附录　编辑及分工

书　名	加工内容	编辑审读	专家审读
向月球南极进军	统　　稿：　刘晓庆	陆彩云　徐家春　刘晓庆 李　婧　张　珑　彭喜英 赵蔚然	黄　洋
火星取样返回	统　　稿：　徐家春	徐家春　吴　烁　顾冰峰 张　珑　曹婧文　赵蔚然	王　聪
载人登陆火星	统　　稿：　徐家春	徐家春　李　婧　顾冰峰 张　珑　徐　凡　赵蔚然	贾　睿
探秘天宫课堂	统　　稿：　徐家春 插图设计：　徐家春 赵蔚然	徐家春　曹婧文　彭喜英 张　珑　徐　凡　赵蔚然	黄　洋
跟着羲和号去逐日	统　　稿：　徐家春 插图设计：　徐家春 赵蔚然	徐家春　许　波　刘晓庆 张　珑　曹婧文　赵蔚然	王　聪
恒星世界	统　　稿：　赵蔚然	徐家春　徐　凡　高　源 张　珑　彭喜英　赵蔚然	贾贵山
东有启明 ——中国古代天文学家	统　　稿：　徐家春 插图设计：　赵蔚然 徐家春	田　姝　徐家春　顾冰峰 张　珑　高　源　赵蔚然	李　亮
群星族谱 ——星表的历史	统　　稿：　徐家春	徐家春　曹婧文　彭喜英 张　珑　高　源　赵蔚然	李　良 李　亮
宇宙明珠 ——星系团	统　　稿：　徐家春	徐家春　彭喜英　曹婧文 张　珑　徐　凡　赵蔚然	李　良 贾贵山
跟着郭守敬望远镜 探索宇宙	统　　稿：　徐家春	徐家春　高　源　徐　凡 张　珑　许　波　赵蔚然	黄　洋
航天梦 · 中国梦 （挂图）	统　　稿：　赵蔚然 版式设计：　赵蔚然	徐　凡　彭喜英　张　珑 高　源　赵蔚然	李　良 郑建川